W0258747

Vereinbarungen

zur

einheitlichen Untersuchung und Beurtheilung

von

Nahrungs- und Genussmitteln

sowie Gebrauchsgegenständen

für das

Deutsche Reich.

Ein Entwurf

festgestellt

nach den Beschlüssen der auf Anregung des
Kaiserlichen Gesundheitsamtes einberufenen Kommission
deutscher Nahrungsmittel-Chemiker.

Heft I.

Berlin.

Verlag von Julius Springer.

1897.

ISBN-13: 978-3-642-98927-8
DOI: 10.1007/978-3-642-99742-6
Softcover reprint of the hardcover 1st edition 1897

e-ISBN-13: 978-3-642-99742-6

Einleitung.

Nach Inkrafttreten des Gesetzes, betreffend den Verkehr mit Nahrungsmitteln, Genussmitteln und Gebrauchsgegenständen, vom 14. Mai 1879 hatte sich in Deutschland, um den Untersuchungen der verschiedenen Analytiker mehr Sicherheit und Uebereinstimmung zu geben, immer mehr das Bedürfniss nach einheitlichen Untersuchungsverfahren für dieses Gebiet herausgestellt, wie diese bereits in den im Jahre 1885 erschienenen Vereinbarungen der Freien Vereinigung bayerischer Vertreter der angewandten Chemie angestrebt worden waren.

Aus dem Grunde wurden unterm 12. Juli 1894 von dem Direktor und dem betr. Referenten des Kaiserlichen Gesundheitsamts erfahrene Vertreter der Nahrungsmittelchemie aus den verschiedenen Theilen Deutschlands zu einer Versammlung am 4. Aug. 1894 in Eisenach eingeladen, um über diese Frage zu berathen und geeignete Vereinbarungen zu treffen. Die Versammlung fand unter dem Vorsitz des Direktors des Kaiserlichen Gesundheitsamts, Wirkl. Geh. Ober-Reg.-Rath Dr. Köhler statt und nahmen an derselben theil:

1. Dr. Abel, Professor, Vorstand des chemischen Laboratoriums der Centralstelle für Handel und Gewerbe zu Stuttgart.
2. Dr. C. Amthor, Vorstand des chemischen Laboratoriums der Kaiserlichen Polizeidirektion zu Strassburg i. E.
3. Dr. M. Barth, Professor, Direktor der landwirthschaftlichen Versuchsstation für Elsass-Lothringen zu Colmar i. E.
4. Dr. Beckurts, Professor an der Technischen Hochschule zu Braunschweig.
5. Dr. B. Fischer, Direktor des chemischen Untersuchungsamtes der Stadt Breslau.
6. Dr. A. Forster, Chemiker, Inhaber der chemischen Untersuchungsstelle zu Plauen i. S.
7. Dr. R. Fresenius, Geheimer Hofrath und Professor zu Wiesbaden.
8. Dr. W. Fresenius, Dozent an dem chemischen Laboratorium zu Wiesbaden.

9. Dr. Halenke, Vorstand der landwirthschaftlichen Kreis-Versuchsstation zu Speier.

10. Dr. A. Hilger, Hofrath und ord. Professor an der Universität zu München.

11. Dr. Janke, Direktor des chemischen Staatslaboratoriums zu Bremen.

12. Dr. J. König, o. Hon.-Professor der Kgl. Akademie und Vorstand der landwirthschaftlichen Versuchsstation zu Münster.

13. Dr. A. Kossel, o. Professor an der Universität Marburg.

14. Dr. Mayrhofer, Vorsteher des chemischen Untersuchungsamtes zu Mainz.

15. G. Rupp, Professor, Vorstand der Grossherzogl. Lebensmittel-Prüfungsstation der Technischen Hochschule zu Karlsruhe.

16. Dr. Sell, Geheimer Regierungsrath, Professor, Mitglied des Kaiserlichen Gesundheitsamtes zu Berlin.

17. Dr. R. Sendtner, Inspektor der Königlichen Untersuchungsanstalt zu München.

18. Dr. Hans Stockmayer, Vorstand des chemischen Laboratoriums am Gewerbemuseum zu Nürnberg.

19. Dr. A. Stutzer, Professor, Vorsteher der landwirthschaftlichen Versuchsstation zu Bonn.

20. Dr. H. Weigmann, Vorsteher der milchwirthschaftlichen Versuchsstation und Lehranstalt zu Kiel.

21. Dr. L. Wittmack, Geheimer Regierungsrath, Professor an der landwirthschaftlichen Hochschule zu Berlin.

22. Dr. R. Wollny, Vorsteher der Untersuchungsanstalt für Schleswig-Holstein zu Kiel.

Geh. Hofrath Prof. Dr. R. Fresenius wurde zum Ehrenpräsidenten der Versammlung gewählt.

In dieser Sitzung einigte man sich zunächst über die Gegenstände, für welche einheitliche Verfahren zur Untersuchung und Beurtheilung vereinbart werden sollten und bestimmte als solche:

1. Mehl jeder Art, Getreide, Hülsenfrüchte, Brot und andere Backwaaren; 2. Speisefette und Speiseöle; 3. Käse; 4. Fleisch und Fleischwaaren; 5. Eier; 6. Milch und Milcherzeugnisse; 7. Konservirungsmittel; 8. Bier; 9. Wein, weinhaltige und weinähnliche Getränke; 10. Branntweine und Liköre; 11. Kaffee und Ersatzmittel für Kaffee; 12. Thee; 13. Kakao und Kakaoerzeugnisse; 14. Zucker jeder Art und Zuckerwaaren (einschl. Marzipan und Gefrorenes); 15. Honig, Wachs; 16. Salz und Gewürze; 17. Frucht- und Gemüsekonserven

18. Fruchtsäfte, -syrupe und -essenzen (einschl. Gelées, Marmeladen und Limonaden); 19. Trinkwasser und Roheis (soweit es in den Rahmen des Nahrungsmittelgesetzes fällt), natürliche und künstliche Mineralwässer; 20. Tabak und Tabakerzeugnisse; 21. Gebrauchsgegenstände (soweit sie in den Rahmen des Nahrungsmittelgesetzes und der dazu erlassenen ergänzenden Gesetze fallen); 22. Luft.

Den für diese Gegenstände vereinbarten Untersuchungsverfahren sollte ein Abschnitt über „Allgemeine Untersuchungsverfahren" beigefügt werden.

Auch einigte man sich über die Art der Bearbeitung und beschloss, dass zuerst jeder der aufgeführten Gegenstände durch einen oder mehrere besonders erfahrene Sachverständige unter Theilnahme der Referenten der beabsichtigten II. Auflage der bayerischen Vereinbarungen vorbearbeitet und dann von einem geschäftsführenden Ausschuss aus den verschiedenen Referaten eine einheitliche Vorlage zur endgültigen Berathung und Beschlussfassung fertiggestellt werden sollte.

In den geschäftsführenden Ausschuss wurden gewählt: A. Hilger, J. König und E. Sell, von denen leider der letztere der gemeinsamen Arbeit am 13. Okt. 1896 durch den Tod entrissen worden ist.

In Verfolg dieser Beschlüsse hat der geschäftsführende Ausschuss noch unter Mithülfe von E. Sell und unter Theilnahme mehrerer Mitglieder des Kaiserl. Gesundheitsamtes am 3. und 4. Okt. 1895 einen einheitlichen Plan der Bearbeitung berathen und hiernach auf Grund der eingelieferten Referate vorläufig eine Vorlage für den Abschnitt „Allgemeine Untersuchungsverfahren" sowie für die Untersuchung und Beurtheilung von thierischen Nahrungs- und Genussmitteln ausgearbeitet, welche in einer zweiten Plenarversammlung am 3. und 4. Okt. 1896 in Coburg einer gemeinsamen Berathung und Festsetzung unterworfen worden ist.

Den Vorsitz in dieser Versammlung führte wiederum der Direktor des Kaiserlichen Gesundheitsamtes, Wirkl. Geh. Ober-Reg.-Rath Dr. Köhler und nahmen an derselben theil:

a) Als Mitglieder der Kommission:

1. Dr. C. Amthor, Vorstand des chemischen Laboratoriums der Kaiserlichen Polizeidirektion zu Strassburg i. E.
2. L. Aubry, Professor, Vorstand der wissenschaftlichen Station für Brauerei zu München.

3. Dr. M. Barth, Professor, Direktor der landwirthschaftlichen
   Versuchsstation für Elsass-Lothringen zu Colmar i. E.
4. Dr. H. Beckurts, o. Professor an der Technischen Hochschule
   in Braunschweig.
5. Dr. B. Fischer, Direktor des chemischen Untersuchungsamtes
   der Stadt Breslau.
6. Dr. A. Forster, Chemiker, Inhaber der chemischen Untersuchungsstelle zu Plauen i. V.
7. Dr. R. Fresenius, Geheimer Hofrath und Professor zu Wiesbaden.
8. Dr. W. Fresenius, Dozent an dem chemischen Laboratorium
   zu Wiesbaden.
9. Dr. A. Hilger, Hofrath und o. Professor an der Universität zu
   München.
10. Dr. L. Janke, Direktor des chemischen Staatslaboratoriums
    zu Bremen.
11. Dr. J. König, o. Hon.-Professor der Kgl. Akademie, Vorstand
    der landwirthschaftlichen Versuchsstation zu Münster.
12. Dr. A. Kossel, o. Professor an der Universität zu Marburg.
13. Dr. J. Mayrhofer, Vorsteher des chemischen Untersuchungs-
    amtes zu Mainz.
14. G. Rupp, Professor, Vorstand der Grossherzoglichen Lebens-
    mittel-Prüfungsstation der Technischen Hochschule zu Karls-
    ruhe.
15. Dr. R. Sendtner, Inspektor der Kgl. Untersuchungsanstalt zu
    München.
16. Dr. H. Stockmayer, Vorstand des chemischen Laboratoriums
    am Gewerbe-Museum zu Nürnberg.
17. Dr. A. Stutzer, Professor, Vorsteher der landwirthschaftlichen
    Versuchsstation zu Bonn.
18. Dr. H. Weigmann, Vorsteher der milchwirthschaftlichen Ver-
    suchsstation und Lehranstalt zu Kiel.

   b) Als Referenten der bayerischen Vereinigung:
19. Dr. A. Hasterlik, I. Assistent an der Kgl. Untersuchungs-
    anstalt für Nahrungs- und Genussmittel zu München.
20. Dr. E. von Raumer, Inspektor der Kgl. Untersuchungsanstalt
    für Nahrungs- und Genussmittel zu Erlangen.
21. Dr. H. Röttger, Inspektor der Kgl. Untersuchungsanstalt für
    Nahrungs- und Genussmittel zu Würzburg.

c) Ausserdem:

22. Dr. A. Bömer, Assistent an der landwirthschaftlichen Versuchs-station zu Münster i. Westf.
23. Dr. J. Brandl, Regierungsrath und Mitglied des Kaiserlichen Gesundheitsamtes zu Berlin.
24. Dr. O. Claus, vereidigter Chemiker zu Coburg.
25. Dr. K. Windisch, Hülfsarbeiter im Kaiserlichen Gesundheits-amte, Privatdozent an der Universität zu Berlin.

Die zur Berathung gelangenden Gegenstände waren von folgenden Mitgliedern vorbereitet worden:

1. Allgemeine Untersuchungsverfahren von J. König und A. Bömer.
2. Konservirungsmittel von G. Rupp und K. Windisch.
3. Fleisch von A. Kossel, J. Mayrhofer und H. Röttger.
4. Wurst von A. Hasterlik.
5. Fleischextract und Fleischpeptone von A. Stutzer und A. Bömer.
6. Eier von A. Kossel und H. Weigmann.
7. Milch und Milcherzeugnisse von W. Fleischmann und H. Weigmann (ersterer konnte wegen dienstlicher Verhinderung an der Versammlung nicht persönlich theilnehmen).
8. Käse von H. Weigmann.
9. Speisefette und Oele von R. Sendtner und E. von Raumer.

Die nachstehenden Abschnitte enthalten die von der Versammlung beschlossenen Vereinbarungen. Dieselben sollen vorläufig nur als Entwurf veröffentlicht werden, damit auch noch andere Fachgenossen zu demselben Stellung nehmen können. Die Vereinbarungen gelten daher nicht als obligatorisch, werden aber von der Kommission als die zur Zeit empfehlenswerthesten für die Untersuchung und Beurtheilung der betreffenden Nahrungs- und Genussmittel angesehen.

Der Vorsitzende:

Wirkl. Geh. Ober-Regierungsrath Köhler,
Direktor des Kaiserlichen Gesundheitsamtes.

Der geschäftsführende Ausschuss:

Hofrath Prof. Dr. Hilger-München.
Prof. Dr. König-Münster.

Inhalt.

Käse.

Speisefette und Oele.

Allgemeine Untersuchungsmethoden.

Referenten: **J. König** und **A. Bömer.**

I. Bestimmung des Wassers.

Die Bestimmung des Wassers in Nahrungs- und Genussmitteln erfolgt stets indirekt, d. h. es wird der nach dem Trocknen der Substanzen festgestellte Gewichtsverlust als „Wasser“ bezeichnet.

1. Bestimmung des Wassers in festen Stoffen.

a) Bei festen lufttrockenen Stoffen trocknet man nach hinreichender Zerkleinerung derselben eine bestimmte Gewichtsmenge (etwa 5—10 g) in einem Trockenschranke bei 100—105⁰ C. bis zum konstanten Gewichte.

b) Bei sehr wasserreichen festen Stoffen (Fleisch, Wurzelgewächsen, Gemüsen etc.) empfiehlt sich ein Vortrocknen bei ca. 40—50⁰ C. im Dampftrockenschranke, indem man entweder, wie bei Wurzelgewächsen und ähnlichen Stoffen, dieselben unter möglichster Vermeidung eines Wasserverlustes in dünne Scheiben zerschneidet und an einem dünnen Drahtbügel aufspiesst, oder bei krautartigen Gemüsen und dergl., indem man dieselben nach dem Zerschneiden in flachen Porzellanschalen oder auf Hürden auseinanderbreitet und einige Tage bei obiger Temperatur vortrocknet. Man verwendet hierbei eine grössere abgewogene Menge (etwa 500 g), lässt sie nach der Entfernung aus dem Trockenschranke etwa 2—3 Stunden an der Luft liegen, damit sie die für die lufttrockne Substanz normale Feuchtigkeit annimmt und beim darauf folgenden Wägen und Zerkleinern keine weiteren wesentlichen Feuchtigkeitsmengen wieder aufnimmt. Die mit Luftfeuchtigkeit gesättigte Substanz wird dann gewogen, mit der Schrotmühle zerkleinert und sofort in gutschliessende Glasbüchsen gefüllt. Von der zerkleinerten Masse dienen kleinere Proben für die vollkommene Austrocknung bei 100—105⁰ C., wie oben angegeben, und für die übrigen Bestimmungen.

Aus beiden Wasserbestimmungen berechnet man den Wassergehalt der natürlichen Substanz. Den Gehalt an sonstigen Bestandtheilen berechnet man zunächst auf Trockensubstanz, und hiernach mittelst des gefundenen Gesammtwassergehaltes auf die natürliche Substanz.

2. Bestimmung des Wassers in syrupartigen Massen und Flüssigkeiten.

Bei syrupartigen, gelatinösen und ähnlichen Massen sowie bei Flüssig keiten ermittelt man den Wassergehalt in der Weise, dass man eine Platinschale mit etwa 20 g Seesand oder einer entsprechenden Menge mässig feingepulverten Bimssteins und einem kleinen leichten Glasstäbchen oder vortheilhafter mit einem kurzen, beiderseits zugeschmolzenen dünnen Glasröhrchen beschickt, die Schale mit Inhalt ausglüht, im Exsikkator vollkommen erkalten lässt und wägt. In dieser so vorbereiteten Platinschale wägt man soviel der zu untersuchenden Stoffe ab, als 1—2 g Trockensubstanz entspricht, dampft im Wasserbade ein und trocknet bei 100—105° C. bis zur Gewichtskonstanz. Um eine Wasserverdunstung während des Wägens zu vermeiden, empfiehlt sich ein Bedecken der Schale mit einem Uhrglase während des Wägens.

Unter dem „Extraktgehalt“ einer Flüssigkeit versteht man die Menge der in derselben gelösten, bei der für die Trocknung der betreffenden Stoffe vorgeschriebenen Temperatur und Zeit nicht flüchtigen Bestandtheile.

Besteht ein Untersuchungsgegenstand, in dem das Wasser bestimmt werden soll, aus einer festen Substanz und einer Flüssigkeit (eingemachte Früchte, Gemüse und dergl.), so empfiehlt es sich, falls eine hinreichend homogene Masse nicht durch mechanische Verarbeitung herzustellen ist, die feste Substanz und die Flüssigkeit getrennt zu untersuchen.

II. Bestimmung des Stickstoffs und seiner Verbindungen.

In der Regel begnügt man sich bei der Untersuchung der Nahrungs- und Genussmittel mit der Bestimmung des Gesammtstickstoffes, multiplicirt diesen mit 6,25 und erhält so die gesammte „Stickstoffsubstanz“. Hierbei geht man von der Annahme aus, dass die Stickstoffsubstanzen (Eiweissstoffe) einen mittleren Stickstoffgehalt von 16% haben. In manchen Fällen jedoch ist auch eine Trennung der Stickstoffsubstanzen erforderlich.

1. Bestimmung des Gesammtstickstoffes.

Die Bestimmung des Gesammtstickstoffes erfolgt nach der
Methode von Kjeldahl
in der Abänderung von Wilfarth[1] u. A.

Statt des von Wilfarth ursprünglich am meisten empfohlenen Säuregemisches von 3 Vol. koncentrirter und 2 Vol. rauchender Schwefelsäure

---

[1] Chem. Centr.-Bl. 1885. Bd. 16. S. 17 u. 113.

oder von 800 ccm koncentrirter, 200 ccm rauchender Schwefelsäure und 100 g Phosphorsäureanhydrid, unter Zusatz von einem Tropfen Quecksilber, sind auch folgende Säuremischungen und Zusätze in Vorschlag gebracht worden:

a) eine Lösung von 200 oder 250 g Phosphorsäureanhydrid in 1 l reiner koncentrirter Schwefelsäure,

b) gleiche Volumina rauchende und koncentrirte Schwefelsäure,

c) 0,5 g Kupfersulfat, 1 g Quecksilber und koncentrirte Schwefelsäure,

d) 0,05 g Kupferoxyd, 5 Tropfen Platinchloridlösung (0,04 g Platin in 1 ccm) und koncentrirte Schwefelsäure.

Bei schwer verbrennlichen organischen Stoffen sind die Säuremischungen, welche Phosphorsäureanhydrid enthalten, vorzuziehen.

Statt des Quecksilbers kann man auch 0,7 g Quecksilberoxyd (auf nassem Wege dargestelltes, da das auf trocknem Wege dargestellte leicht Salpetersäure enthält) oder die entsprechende Menge Quecksilberoxydsulfat oder Kupfersulfat verwenden.

Anmerkung. Die Stickstoffbestimmung nach Kjeldahl hat den Vortheil, dass die Stoffe nur so weit vorgetrocknet zu werden brauchen, dass es möglich ist, in 1—2 g davon eine gute Durchschnittsprobe zu erhalten.

Bei grobpulverigen oder solchen Stoffen, von denen es (wie z. B. bei Fleisch, Fleischerzeugnissen, Wurstwaaren, Gemüse etc.) schwer hält, eine völlig gleichmässige Mischung herzustellen, verfährt man zweckmässig in der Weise, dass man von dem Gemisch ca. 10—20 g nimmt, diese in einer Porzellanschale mit 150 ccm des Schwefelsäuregemisches unter Umrühren mit einem Glasstabe so lange auf dem Wasserbade erwärmt, bis sich alles zu einem gleichmässigen, flüssigen Brei gelöst hat. Darauf giesst man die Lösung in ein 200 ccm fassendes Kölbchen, verwendet etwa 50 ccm des Schwefelsäuregemisches zum Nachspülen der Schale, lässt erkalten und füllt mit dem Schwefelsäuregemisch auf 200 ccm auf. Hiervon werden nach hinreichendem Umschütteln und Mischen 20 ccm (entsprechend 1,0—2,0 g Substanz) abpipettirt und in üblicher Weise nach Kjeldahl weiter verbrannt.

Flüssigkeiten werden (50—500 ccm je nach dem Gehalt) nach schwachem Ansäuern direkt in dem Verbrennungskolben bis auf 20—30 ccm eingedunstet und dann nach Zusatz von 20 ccm des Schwefelsäuregemisches weiter verbrannt.

2. Trennung der Stickstoffverbindungen.

Zur Trennung und Bestimmung der in Nahrungs- und Genussmitteln vorkommenden Stickstoffsubstanzen dienen folgende Methoden.

a) Die Bestimmung des Eiweissstickstoffes nach A. Stutzer[2].
Durch Multiplikation des nach diesem Verfahren gefundenen Stickstoffes mit 6,25 findet man den Gehalt der Substanz an „Reineiweiss"

---

[2] Journ. f. Landwirthschaft 1881, Bd. 29., S. 103 u. 473; 1886, Bd. 34, S. 151.

oder „Reinproteïn". Die Differenz zwischen Gesammtstickstoff und Rein-eiweissstickstoff (sowie etwa vorhandener kleinen Mengen Alkaloïdstick-stoff) bezeichnet man als „Amidstickstoff".

Die Methoden zur Trennung von Ammoniak, Säureamiden, Amido-säuren etc. siehe J. König, Chemie der menschl. Nahrungs- und Genuss-mittel II. Bd. (3. Aufl.) Berlin 1893. S. 17.

b) Bestimmung des Ammoniaks.

Zur Bestimmung des Ammoniakgehaltes einer Flüssigkeit oder einer wässrigen bezw. schwach angesäuerten Lösung eines festen Körpers destillirt man dieselbe unter Zusatz eines hinreichenden Ueberschusses an frisch geglühter Magnesia, nöthigenfalls unter Zusatz von Wasser, leitet das Destillat in eine abgemessene Menge Normal-Säure, und verfährt im Uebrigen wie bei der Bestimmung des Gesammtstickstoffes nach Kjeldahl.

c) Bestimmung der Salpetersäure.

Die Bestimmung der Salpetersäure erfolgt in ihren wässerigen Lösun-gen nach einer der folgenden Methoden:

α) Methode von Schlösing-Wagner
mit der Abänderung von Schulze-Tiemann[3]).

β) Methode von K. Ulsch[4]).

Nach dieser Methode wird die Salpetersäure durch Reduktion mit Eisen (Ferrum hydrogenio reductum) und Schwefelsäure in Ammoniak übergeführt.

γ) Methode von Böttcher[5]) durch Reduktion mit Zinkstaub und Eisenpulver in alkalischer Lösung.

III. Bestimmung des Fettes.

1. Bestimmung des Gesammtfettes (Aetherextraktes).

Unter „Fett" versteht man bei der Analyse der Nahrungs- und Genussmittel den Aetherextrakt der wasserfreien Substanz, d. h. alle aus der wasserfreien Substanz durch wasserfreien d. h. über Natrium oder Natriumamalgam destillirten Aether extra-hirbaren, bei einstündigem Trocknen im Dampftrockenschrank nicht flüchtigen Bestandtheile.

Man bezeichnet daher bei solchen Substanzen, welche ausser Fett noch wesentliche Mengen anderer in Aether löslicher Bestandtheile ent-halten, die durch die nachfolgende Bestimmungsmethode erhaltenen Werthe als
„Fett (Aetherextrakt)".

---

[3]) Tiemann-Gärtner's Handbuch der Untersuchung und Beurtheilung der Wässer. 4. Aufl. 1895 S. 154.

[4]) Chem. Centr.-Bl. 1889, Bd. II, S. 926.

[5]) Landw. Versuchst. 1892, Bd. 41, S. 165. Die Methode ist schon weit früher von J. König beschrieben, vergl. dessen Chemie der menschl. Nahrungs- und Genussmittel. Berlin 1883, II. Bd. S. 669.

Die Ausführung der Bestimmung geschieht in der Weise, dass 5—10 g der gemahlenen oder gut gepulverten Substanz bis zur Erschöpfung extrahirt werden. Nach Vollendung der Extraktion wird der Aether aus dem Extraktionskölbchen abdestillirt, der Rückstand eine Stunde im Wasserdampftrockenschrank getrocknet, im Exsikkator erkalten gelassen und gewogen.

2. Bestimmung der freien Fettsäuren.

Man verfährt zur Bestimmung der freien Fettsäuren wie folgt:

Der gewogene Aetherextrakt oder eine abgewogene Menge des zu untersuchenden Fettes werden entweder

a) in säurefreiem Aether gelöst und mit alkoholischer $^1/_{10}$- oder $^1/_{20}$-Normal-Kalilauge unter Verwendung von Phenolphtaleïn als Indikator gesättigt, oder

b) in einem säurefreien Gemisch von gleichen Theilen Aether und Alkohol gelöst und mit wässeriger $^1/_{10}$- oder $^1/_{20}$-Normal-Kalilauge unter Verwendung von Phenolphtaleïn als Indikator gesättigt, wobei man, falls sich die Lösung trübt, gelinde erwärmt.

Die zur Sättigung der freien Fettsäuren verbrauchte Anzahl ccm Alkalilauge drückt man aus entweder in

1. Säuregraden, worunter man die Anzahl ccm Normal-Alkalilauge versteht, welche zur Sättigung von 100 g des Fettes erforderlich sind, oder

2. als freie Säure (= Oelsäure) in Procenten des Fettes.

1 ccm Normal-Alkalilauge entspricht 0,282 g Oelsäure.

IV. Bestimmung der stickstofffreien Extraktstoffe bezw. der Kohlenhydrate.

Unter stickstofffreien Extraktstoffen versteht man den Rest, welcher übrig bleibt, wenn man von einer Substanz ihren Gehalt an Wasser, Stickstoffsubstanz, Aetherextrakt, Rohfaser und Asche abzieht.

Der Begriff stickstofffreie Extraktstoffe umfasst demnach eine ganze Reihe mehr oder minder verschiedener Verbindungen, von denen die wichtigsten und verbreitetsten die Zuckerarten, die Dextrine und die Stärke sind; ausserdem gehören hieher: Pflanzengummi, Pflanzenschleime, Pflanzensäuren, ferner die Pektin-, Bitter-, Farbstoffe und dergl. Gewöhnlich werden die stickstofffreien Extraktstoffe, wie oben angegeben, aus der Differenz berechnet. Vielfach ist jedoch auch eine Bestimmung einer oder mehrerer zu dieser Gruppe gehöriger, gut charakterisirter chemischer Verbindungen erforderlich.

Bestimmung der löslichen Kohlenhydrate in festen Körpern.

Zur Bestimmung der löslichen Kohlenhydrate in festen Körpern, von denen die wichtigsten die Zuckerarten und Dextrine sind, digerirt man je nach dem Gehalt der zu untersuchenden, möglichst fein zerkleinerten Substanz[6]) 10—25 g in einem 500 ccm-Kolben mit etwa 250 ccm Wasser bei Zimmertemperatur etwa 1 Stunde unter häufigem Umschütteln, oder man schüttelt $\frac{1}{2}$ Stunde im Schüttelapparate, füllt bis zur Marke mit kaltem Wasser auf und filtrirt nach kurzem Absetzenlassen, event. unter Zusatz von einem indifferenten Klärungsmittel, den Inhalt des Kolbens durch ein trocknes Faltenfilter oder besser durch ein trocknes Asbestfilter.

Aliquote Theile dieser Lösung dienen unter Vernachlässigung des Volumens des unlöslichen Rückstandes

a) zur Bestimmung der Gesammtmenge der wasserlöslichen Kohlenhydrate,

b) zur Bestimmung der Zuckerarten und zur Trennung derselben von den Dextrinen, sowie zur Bestimmung der Dextrine.

A. Bestimmung der Gesammtmenge der wasserlöslichen Kohlenhydrate.

50 oder 100 ccm der obigen Lösung befreit man durch Aufkochen und Filtriren von gelöstem Albumin, dampft dieselben in einer Platinschale auf dem Wasserbade zur Trockne, trocknet 2 Stunden im Lufttrockenschranke bei 100—105⁰ C., wägt, verascht den Inhalt und wägt wiederum. Die Differenz beider Wägungen ergiebt die Gesammtmenge der wasserlöslichen stickstofffreien Extraktstoffe bezw. der Kohlenhydrate.

In den meisten Fällen ist die Menge der in dem wässerigen, aufgekochten und filtrirten Auszuge noch vorhandenen Stickstoffsubstanz so gering, dass sie bei obiger Bestimmung vernachlässigt werden kann; andernfalls bestimmt man in einem anderen Theile des wässerigen, durch Aufkochen und Filtriren von Albumin befreiten Auszuges den Stickstoff nach Kjeldahl. Die Menge der so gefundenen Stickstoffsubstanz ($N \times 6{,}25$) bringt man von der aus dem Glühverluste gefundenen Gesammtmenge der wasserlöslichen Kohlenhydrate in Abzug.

B. Anwendung der Fehling'schen Lösung zur quantitativen Bestimmung der Zuckerarten.

1. Die quantitativen Bestimmungen der, alkalische Kupferlösung direkt reducirenden Zuckerarten mittelst Fehling'scher Lösung werden

---

6]) Sehr fettreiche Stoffe sind vorher durch mehrmaliges Uebergiessen mit wasserfreiem Aether von der Hauptmenge des Fettes zu befreien.

entweder auf maassanalytischem Wege nach Soxhlet[7]) oder gewichtsanalytisch nach Allihn[8]) durchgeführt[9]).

2. Bestimmung des Rohrzuckers.

Zur Bestimmung des Rohrzuckers mittelst Fehling'scher Lösung wird derselbe durch Inversion mittelst Salzsäure oder Invertin[10]) in Invertzucker übergeführt. Die Ausführung der Inversion findet nach den jeweilen bei den einzelnen Nahrungs- und Genussmitteln speciell festgestellten Methoden statt.

(Die Bestimmung des Rohrzuckers bei zollamtlichen Untersuchungen wird bei dem Kapitel „Zucker" behandelt werden.)

3. Bestimmung der Dextrine.

Die Dextrine werden durch Inversion mit Salzsäure in Dextrose übergeführt und diese wird maassanalytisch nach Fr. Soxhlet oder gewichtsanalytisch nach F. Allihn bestimmt.

Bei der Herstellung der Dextroselösung aus den zu bestimmenden Dextrinen stellt man 3 Lösungen derselben in etwa 200 ccm Wasser dar, erwärmt je eine der Lösungen mit 20 ccm Salzsäure (von 1,125 spec. Gew.) 1, 2 und 3 Stunden lang im kochenden Wasserbade am Rückflusskühler und bestimmt nach jeder Kochung den Zuckergehalt. Jede der Lösungen wird nach dem Erhitzen rasch abgekühlt, mit Natronlauge neutralisirt oder wenigstens bis zur schwach sauren Reaktion versetzt und soweit verdünnt, dass die Lösung höchstens 1% Dextrose enthält. In 25 ccm jeder Lösung wird die Dextrose bestimmt. Das höchste Resultat von den 3 Lösungen (nach 1, 2 und 3 Stunden) wird als das richtige angenommen. Aus der gefundenen Menge Dextrose wird durch Multiplikation mit 0,90 die Menge des vorhandenen Dextrins erhalten.

---

[7]) Journ. f. praktische Chemie (N. F.) 1880, Bd. 21, S. 227.

[8]) Ebendort Bd. 22, S. 46.

[9]) Eine Zusammenstellung der Tabellen giebt E. Wein: Tabellen zur quantitativen Bestimmung der Zuckerarten. Stuttgart 1888.

[10]) Das Invertin stellt man nach F. W. Thompson (Zeitschr. f. anal. Chem. 1894, *33*, S. 243) durch Zerreiben von Hefe mit Sand, Ausziehen der zerriebenen Hefezellen mit Wasser und Fällen der filtrirten Auszüge mit Alkohol her, wodurch das Invertin als ein syrupartiger Niederschlag erhalten wird, der getrocknet und gepulvert werden kann. Nach O. Kellner, J. Mori u. M. Nagaoka (Zeitschr. f. anal. Chem. 1894, *33*, S. 243 nach Zeitschr. f. physiol. Chem. *14*, 297) werden 300 g frische, sehr reine Unterhefe mit Glasstücken zerrieben, mit Wasser extrahirt und durch Asbest filtrirt. Von der so erhaltenen Lösung wird 1 Vol. mit 2 Vol. Kohlenhydratlösung vermischt. Nach Kjeldahl kann durch Zusatz einer alkoholischen Thymollösung die Invertinlösung haltbar gemacht und die Wirkung der Hefe aufgehoben werden.

C. Bestimmung der Zuckerarten durch Polarisation.

1. Bestimmung des Rohrzuckers.

Die specifische Drehung des Rohrzuckers beträgt bei 17,5⁰ C. + 66,5⁰.

Polarisirt man eine Rohrzuckerlösung im 200 mm-Rohr bei 17,5⁰ C., so entspricht 1⁰ Drehung

im Polarisationsapparat von	g Rohrzucker in 100 ccm Lösung
Mitscherlich, Laurent, Wild mit Kreisgradtheilung	0,75 g
Soleil-Ventzke-Scheibler Schmidt und Hänsch } mit Zuckerskala	0,26048 g
Soleil-Dubosq „ „	0,16350 g

2. Bestimmung der Dextrose.

Bei verdünnten (bis zu 14 g wasserfreie Dextrose in 100 ccm enthaltenden) Dextroselösungen beträgt die specifische Drehung der Dextrose + 53⁰, während dieselbe bei koncentrirteren Lösungen nicht unerheblich grösser ist.

Da die krystallisirte Dextrose Birotation zeigt, so darf die Polarisation erst nach 24 stündigem Stehen der Lösung in der Kälte oder nach $\frac{1}{4}$ stündigem Erwärmen auf 100⁰ C. vorgenommen werden.

Verwendet man zur Polarisation Dextrose-Lösungen, welche bis zu 14 g wasserfreie Dextrose in 100 ccm enthalten, so entspricht 1⁰ Drehung im 200 mm-Rohr

im Polarisationsapparat von:	g Dextrose in 100 ccm Lösung
Mitscherlich, Wild u. Laurent m. Kreisgradtheilung	0,9434 g
Soleil-Ventzke-Scheibler Schmidt und Haensch } mit Zuckerskala	0,3268 g
Soleil-Dubosq „ „	0,2051 g

D. Trennung der löslichen Kohlenhydrate von einander.

Die folgende wie andere Methoden dieses Abschnittes liefern keine genauen, sondern nur annähernd richtige Resultate. Aus dem Grunde aber ist die gleichmässige Ausführung dieser Trennungsverfahren erwünscht, damit die Ergebnisse unter sich wenigstens vergleichbar sind.

I. Trennung der Dextrine[11]) von den Zuckerarten.

Ein etwa 2,5 g Trockensubstanz entsprechender Theil einer auf Dextrine und Zucker zu untersuchenden Flüssigkeit bezw. ein aliquoter

---

[11]) Als „Dextrine" bezeichnet man diejenigen in kaltem Wasser löslichen, in ca. 90%igem Alkohol aber unlöslichen Kohlenhydrate, welche nach der Inversion mit Salzsäure reducirende Zuckerarten liefern, berechnet auf Dextrose × 0,90.

Theil (etwa 200 ccm) des nach Seite 6 erhaltenen wässerigen Auszuges fester Stoffe, welche die Gesammtmenge der wasserlöslichen Kohlenhydrate enthält, wird in einer Porzellanschale auf dem Wasserbade fast bis zur Trockne eingedampft[12]), der Syrup in 10 oder 20 ccm warmen Wassers gelöst und die Lösung unter fortwährendem Umrühren allmählich mit 100 bezw. 200 ccm Alkohol von 95 Vol.-Proc. versetzt. Nachdem sich der entstandene Niederschlag, welcher die Dextrine enthält, abgesetzt hat, filtrirt man die fast klare alkoholische Lösung in eine Porzellanschale ab und wäscht den Rückstand in der ersten Schale unter Reiben mit einem Pistill mehrmals mit kleinen Mengen Alkohol (hergestellt durch Vermischen von 1 Vol. Wasser mit 10 Vol. Alkohol von 95 Vol.-Proc.) aus. Der Rückstand der Alkoholfällung wird in Wasser gelöst, eingedampft, abermals in 10 ccm Wasser gelöst und in derselben Weise nochmals mit Alkohol behandelt.

In derselben Weise empfiehlt es sich, die erste alkoholische Lösung von Alkohol zu befreien, den Rückstand in 10 ccm Wasser zu lösen und wie vorhin nochmals mit Alkohol zu fällen.

Die vereinigten alkoholischen Filtrate, welche die Zuckerarten enthalten, werden durch vorsichtiges Erwärmen anf dem Wasserbade von Alkohol befreit und zur Bestimmung und Trennung der Zuckerarten auf ein bestimmtes Volumen gebracht. Der Rückstand der Alkoholfällung auf dem Filter und in den Schalen enthält die Dextrine. Man löst denselben in heissem Wasser und bestimmt die Dextrine nach Seite 7.

2. Bestimmung des Invertzuckers und Rohrzuckers nebeneinander.

Wenn Zuckerlösungen neben Invertzucker Rohrzucker enthalten und dieses Gemisch mit überschüssiger Fehling'scher Lösung erhitzt wird, so wird bedeutend mehr Kupferlösung reducirt, als wenn nur Lösungen von Invertzucker auf überschüssige Fehling'sche Lösung einwirken.

a) Bestimmung des Invertzuckers.

Wenn daher in solchen Fällen der Invertzucker nach E. Meissl gewichtsanalytisch durch Kochen mit überschüssiger Kupferlösung bestimmt werden soll, so muss man Korrektionen anbringen, welche je nach dem Verhältnisse von Invertzucker zu Rohrzucker verschieden sind; doch sind die Reduktionsverhältnisse nur stark abweichend, wenn auf 10 Theile Invertzucker mehr als 90 Th. Rohrzucker vorhanden sind.

Auf die für diese Fälle ermittelten Korrektionstabellen von E. Meissl und E. Wein, sowie von A. Herzfeld für 0,05 — 1,50 % Invertzucker enthaltende Rübenzuckerlösungen kann hier nur verwiesen werden. Vergl. E. Wein, Tabellen zur quantitativen Bestimmung der Zuckerarten, Stuttgart 1888, S. 17—30.

---

[12]) Enthält die Lösung freie Säuren, so sind diese vorher mit Natriumkarbonat zu neutralisiren.

Wenn man jedoch bei dem Vorhandensein von Rohrzucker den Invertzucker maassanalytisch nach Fr. Soxhlet bestimmt, also einen Ueberschuss von Kupferlösung vermeidet, so wirkt der Rohrzucker nicht vermehrend auf die Reduktion der Kupferlösung. Die Resultate der maassanalytischen Bestimmung des Invertzuckers sind daher auch bei der Gegenwart von Rohrzucker ebenso verwendbar wie bei Abwesenheit desselben.

b) Bestimmung des Rohrzuckers.

Den neben dem Invertzucker vorhandenen Rohrzucker bestimmt man in der Weise, dass man einen anderen Theil der Zuckerlösung nach S. 7 invertirt und nun die Summe des ursprünglich vorhandenen und des neugebildeten Invertzuckers gewichts- oder maassanalytisch bestimmt, und hiervon den vor der Inversion vorhandenen Invertzucker abzieht. Die übrig bleibende Invertzuckermenge, mit 0,95 multiplicirt, ergiebt die Menge des neben dem Invertzucker vorhandenen Rohrzuckers.

Die Bestimmung des Rohrzuckers neben Invertzucker kann auch durch Polarisation der zuckerhaltigen Lösung vor und nach der Inversion nach dem Vorschlage von Clerget[13]) ausgeführt werden.

3. Bestimmung des Invertzuckers neben Dextrose bezw. anderer Zuckerarten nebeneinander.

Um zwei Zuckerarten nebeneinander zu bestimmen oder die Identität einer Zuckerart mit einer bekannten festzustellen, bedient man sich der Eigenschaft der Zuckerarten, Fehling'sche Kupferlösung und Sachsse'sche Quecksilberlösung in verschiedenen, aber unter gleichen Arbeitsbedingungen konstanten Verhältnissen zu reduciren. Die Ausführung der Zuckerbestimmung mittelst Fehling'scher Kupfer- und Sachsse'scher Quecksilberlösung geschieht auf maassanalytischem Wege[14]).

Für die Berechnung der Mengen der vorhandenen Zuckerarten hat Fr. Soxhlet gefunden, dass je 1 g der verschiedenen Zuckerarten in 1 procentigen Lösungen folgende Mengen Fehling'scher und Sachsse'scher Lösungen reducirt, bezw. dass 100 ccm der letzteren (unverdünnt) durch nebenstehende Zuckermengen in 1 procentigen Lösungen reducirt werden:

Wenn man Zuckerlösungen (siehe S. 11) von 1% Gehalt an zwei verschiedenen Zuckerarten, z. B. an Dextrose (durch Inversion von Dextrin erhalten) und an Invertzucker (durch Inversion von Rohrzucker erhalten) einerseits mit Fehling'scher Kupferlösung, andererseits mit Sachsse'-

---

[13]) Ann. chim. phys. (3) *26*, 175. Vergl. H. Landolt, Polaristrobometrischchemische Analyse. Ber. deutsch. chem. Ges. *21*, 191, auch Zeitschr. f. anal. Chem. 1889, *28*, 203.

Vergl. ferner Zeitschr. f. anal. Chem. 1890, *29*, 609 u. 1893, *32*. Amtliche Verordnungen u. Erlasse, Anhang S. 15.

[14]) Fr. Soxhlet: Journ. f. prakt. Chemie N. F. 1880, Bd. 21, S. 300, vergl. auch die Lehrbücher.

Zuckerart	1 g Zucker in 1proc. Lösung reducirt		100 ccm der Lösungen von	
	Fehling	Sachsse	Fehling	Sachsse werden reducirt in 1proc. Lösung durch
	ccm	ccm	mg	mg
Traubenzucker (Dextrose) . .	210,4	302,5	475,3	330,5
Invertzucker	202,4	376,0	494,1	266,0
Lävulose	194,4	449,5	514,4	222,5
Milchzucker	148,0	214,5	675,7	466,0
Desgl. (nach der Inversion) .	202,4	257,7	494,1	388,0
Galaktose.	196,0	226,0	510,2	442,0
Maltose	128,4	197,6	778,8	506,0

scher Quecksilberlösung, wie vorstehend angegeben ist, titrirt, so berechnet
sich der Gehalt an Dextrose (Traubenzucker) und Invertzucker aus den
beiden Gleichungen:

$$ax + by = F, \quad cx + dy = S,$$

worin bedeutet:

a die Anzahl der ccm Fehling'scher Lösung, welche durch 1 g Dextrose
   (Traubenzucker) reducirt werden,

b die Anzahl der ccm Fehling'scher Lösung, welche durch 1 g Invertzucker reducirt werden,

c die Anzahl der ccm Sachsse'scher Lösung, welche durch 1 g Dextrose
   (Traubenzucker) reducirt werden,

d die Anzahl der ccm Sachsse'scher Lösung, welche durch 1 g Invertzucker reducirt werden,

F die Anzahl der für 1 Vol. der Zuckerlösung (etwa 100 ccm) verbrauchten ccm Fehling'scher Lösung,

S die Anzahl der für 1 Vol. der Zuckerlösung (etwa 100 ccm) verbrauchten ccm Sachsse'scher Lösung,

x die Menge der gesuchten Dextrose (Traubenzucker) in Gramm, enthalten in 1 Vol. der Zuckerlösung,

y die Menge des gesuchten Invertzuckers in Gramm, enthalten in 1 Vol.
   der Zuckerlösung.

Handelt es sich also um Bestimmung von Dextrose und Invertzucker
nebeneinander, so würden die obigen Formeln lauten:

$$210,4\,x + 202,4\,y = F$$
$$302,5\,x + 376,0\,y = S.$$

Hieraus berechnet man die vorhandenen Dextrose- und Invertzucker-
mengen in bekannter Weise.

Statt dieses Verfahrens kann man sich auch des Verfahrens von
Kjeldahl bedienen, welches darauf beruht, dass man zunächst das Reduktionsvermögen gegen eine geringe Menge (etwa 15 ccm) Fehling'sche

Lösung feststellt und alsdann unter Anwendung einer vielfachen (n) Menge Zuckerlösung eine Bestimmung unter Benutzung von 50 oder 100 ccm Fehling'scher Lösung ausführt[15]).

4. Bestimmung der Dextrose und Lävulose durch Reduktion und Polarisation.

Das frühere Verfahren von C. Neubauer[16]) wird zweckmässig durch das neuere Verfahren von Halenke und Möslinger[17]) ersetzt.

Ein abgemessener Theil der Zuckerlösung wird mit geeigneten Klärmitteln (Bleiessig u. s. w.) geklärt, und das Filtrat unter Berücksichtigung der Verdünnung durch das Klärmittel bei 15° C. polarisirt.

In einem anderen Theil des Filtrats bestimmt man nach Entfernung der störenden Bestandtheile von dem Klärmittel — also bei Anwendung von Bleiessig durch Zusatz einer überschüssigen Menge Natriumsulfat (etwa 5 ccm gesättigte Lösung auf 20 ccm Zuckerlösung) und nach Zusatz von Alkali bis zur deutlich alkalischen Reaktion — den Gesammtzucker als Invertzucker nach Meissl (vergl. Wein's Tabellen).

Da nach den Untersuchungen von Gubbe[18]) und Ost[19]) der specifische Drehungswinkel (α_D) bei 15° C. in ungefähr 10%iger Lösung für Dextrose $= 52{,}5^0$, für Lävulose $= -95{,}5^0$ ist, so berechnet sich, wenn für 100 ccm Zuckerlösung: D $=$ Dextrose, L $=$ Lävulose, s $=$ Gesammtzucker, $\alpha =$ Drehungsgrade einschliesslich Vorzeichen bei 15° C. und im 100 mm Rohr bedeutet, nach der Gleichung[20]):

$$(\alpha) = -\,0{,}955\,L + 0{,}525\,D$$

oder weil D $=$ s $-$ L und L $=$ s $-$ D ist

$$L = \frac{0{,}525\,s - (\alpha)}{1{,}48} \quad \text{und} \quad D = \frac{0{,}955\,s + (\alpha)}{1{,}48} \quad \text{oder} \quad D = s - L.$$

Da in den Laboratorien das Arbeiten bei 15° C. mit Schwierigkeiten verbunden ist, so kann man nach dem Vorschlage von W. Fresenius auch eine Polarisationstemperatur von 20° C. wählen; es ändert sich dann aber

---

[15]) Zeitschr. f. analyt. Chem. 1896, Bd. 35, S. 345 bezw. 347.

[16]) Berichte d. deutsch. chem. Gesellschaft in Berlin 1877, S. 827, ferner J. König und W. Karsch: Zeitschr. f. analyt. Chem. 1895, Bd. 34, S. 1, M. Barth, Forschungsberichte über Lebensmittel etc. 1894, Bd. 1, S. 205.

[17]) Zeitschr. f. analyt. Chem. 1895, Bd. 34, S. 263.

[18]) Berichte d. deutsch. chem. Gesellsch. in Berlin 1884, Bd. 17, S. 2297.

[19]) Ebendort 1891, Bd. 24, S. 1636.

[20]) Wenn (α) wie in den meisten Fällen negativ ist (Linksdrehung), so wird in der ersten Gleichung für Berechnung der Lävulose $L = -(-\alpha) = +\alpha$, d. h. man muss zu dem Produkt 0,525 s die Linksdrehungsgrade hinzu addiren, in der letzten Gleichung für Berechnung von D dagegen von dem Produkt 0,955 s abziehen, weil $+(-\alpha) = -\alpha$ ist.

Ist α dagegen positiv (Rechtsdrehung), so müssen umgekehrt für die Berechnung von L die Drehungsgrade abgezogen werden, weil $-(+\alpha) = -\alpha$ ist, für Berechnung von D dagegen hinzuaddirt werden.

unter Berücksichtigung der Drehungsänderung mit steigender Temperatur die obige Formel für die Berechnung der Lävulose in:

$$L = \frac{0{,}525\,s - (\alpha)^{21}}{1{,}455} \quad \text{und} \quad D = \frac{0{,}955\,s + (\alpha)^{21}}{1{,}455} \quad \text{oder} \quad D = s - L.$$

Diese Methode geht von der Voraussetzung aus, dass der Gesammtzucker bekannt ist, was aber nicht zutrifft, weil von vornherein nicht feststeht, in welchem Verhältniss Dextrose und Lävulose vorhanden sind, beide aber, wie vorhin gezeigt ist, Fehling'sche Lösung in verschiedenem Grade reduciren.

Wenn aber der Gesammtzucker als Invertzucker berechnet wird, und die Mengen Dextrose und Lävulose nicht sehr weit von einander abweichen, so ist der Fehler meist nicht gross und kann das schnell auszuführende Verfahren zur annähernden Ermittelung dienen, während die vorhin erwähnten Titrationsverfahren sicherere Resultate liefern können.

5. Bestimmung der Raffinose neben Rohrzucker.

Diese wird unter Kapitel „Zucker" angegeben werden.

6. Bestimmung von Rohrzucker, Dextrose, Lävulose, Maltose, Isomaltose und Dextrin nebeneinander.

Bei gleichzeitiger Anwesenheit obiger Zuckerarten und des Dextrins bestimmt man:

a) Das Reduktionsvermögen für Fehling'sche Lösung
    α) in der Lösung direkt,
    β) nach der Inversion mit Invertin (bei 50—55°),
    γ) in dem Gährrückstande nach dem Vergähren mit einer geeigneten d. h. Maltose nicht vergährenden, reingezüchteten Weinhefe direkt,
    δ) in dem nach γ erhaltenen Gährrückstande nach der Inversion mit Salzsäure nach Sachsse mit 1, 2 und 3 Stunden Kochdauer.
b) Die Dextrine durch Alkoholfällung in der ursprünglichen Lösung.

Aus diesen Bestimmungen ergiebt sich:
1. der Rohrzucker aus der Differenz von α und β,
2. die Summe von Dextrose und Lävulose aus der Differenz von α und γ,
3. die Summe von Maltose und Isomaltose aus der Differenz von δ und b,
4. der Gehalt an Dextrinen aus b.

Sind einzelne der angeführten Zuckerarten nicht zugegen, so können unter Umständen Vereinfachungen eintreten.

---

[21]) Siehe Anm. 20 auf S. 12.

Aus dieser Uebersicht ergiebt sich keine Trennung von Maltose und Isomaltose und keine Trennung von Dextrose und Invertzucker; auch ist keine Rücksicht genommen auf den Einfluss, den die Gegenwart von Rohrzucker auf das Reduktionsvermögen anderer Zuckerarten ausübt.

Eine werthvolle Ergänzung der gewichtsanalytischen Bestimmungen ergiebt sich unter Umständen durch Heranziehung der polaristrobometrischen Zuckerbestimmung in den verschiedenen, in obigem Gang in Betracht kommenden Flüssigkeiten.

Wenn demnach die Werthe auch nur annähernde sind, so ist doch in allen Fällen, in welchen Malzextrakt oder Stärkezuckersyrup, bezw. Most und Süssweine in Frage kommen, ein Bedürfniss für eine solche Trennung der Zuckerarten vorhanden, und für die meisten Fragen genügt die nach vorstehendem Verfahren zu erzielende Genauigkeit.

E. Bestimmung der Stärke.

Als „Stärke" bezeichnen wir diejenigen Kohlenhydrate, welche in kaltem Wasser unlöslich sind, aber durch Diastase oder überhitzten Wasserdampf löslich gemacht werden, und nach der Inversion Fehling'sche Lösung reduciren.

Da das Umwandlungsprodukt der Stärke Dextrose ist, wird der Reduktionswerth der Zuckerlösung nach Fr. Soxhlet oder F. Allihn ermittelt und auf Dextrose berechnet, deren Menge mit 0,9 multiplicirt die vorhandene Stärkemenge ergiebt.

Unter den vorgeschlagenen Methoden sind folgende am meisten zu empfehlen:

a) 3 g der möglichst feingepulverten Substanz werden, wenn dieselbe Zucker oder Dextrin enthält, erst mehrmals mit kaltem Wasser extrahirt[22]), der Rückstand alsdann in einem bedeckten Fläschchen oder noch besser in einem bedeckten Zinnbecher von 150—200 ccm Inhalt mit 100 ccm Wasser gemengt, und in einem Soxhlet'schen Dampftopf 3—4 Stunden lang bei 3 Atmosphären Druck erhitzt. — In Ermangelung eines Dampftopfes kann man sich auch der Reischauer-Lintner'schen Druckfläschchen bedienen, welche 8 Stunden bei 108—110° C. im Glycerinbade erhitzt werden.

Der Inhalt des Bechers bezw. Fläschchens wird sodann noch heiss durch einen mit Asbest gefüllten Trichter filtrirt und mit siedendem Wasser ausgewaschen.

---

[22]) Wenn man den Extraktionsrückstand auf dem Filter noch feucht mit Alkohol behandelt und dann an der Luft abtrocknen lässt, so lässt er sich wieder quantitativ vom Filter entfernen. Zieht man nicht mit kaltem Wasser aus, so kann man auch die getrennt bestimmte Menge Zucker und Dextrin von der Gesammtdextrose abziehen und den Rest auf Stärke berechnen. Sehr fettreiche Stoffe werden vorher durch Extraktion mit Aether entfettet.

Der Rückstand darf unter dem Mikroskop keine Stärkereaktion mehr geben. Das Filtrat wird auf etwa 200 ccm ergänzt und mit 20 ccm einer Salzsäure von 1,125 spec. Gew. 3 Stunden lang am Rückflusskühler im kochenden Wasserbade erhitzt. Darauf wird rasch abgekühlt und mit Natronlauge soweit neutralisirt, dass die Flüssigkeit noch eben schwach sauer reagirt, dann auf 500 ccm aufgefüllt und in dieser Lösung event. nach dem Filtriren die gebildete Dextrose nach Allihn bestimmt. Die gefundene Dextrosemenge, mit 0,9 multiplicirt, ergiebt die entsprechende Menge Stärke.

Will man die Dextrose maassanalytisch nach Soxhlet bestimmen, so ist die Zuckerlösung auf ein geringeres Volumen zu koncentriren.

b) Methode von Märcker und Morgen[23]).

3 g der sehr fein gepulverten Substanz werden mit 50 ccm Wasser in einem kleinen cylindrischen, etwa 100 ccm fassenden Metallgefäss 20 Minuten durch Einstellen in kochendes Wasser verkleistert, sodann auf 70° C. abgekühlt, mit 5 ccm Malzauszug (100 g Grünmalz auf 500 ccm Wasser) versetzt und 20 Minuten zur Verflüssigung des Stärkemehls in einem Wasserbade bei 70° C. gehalten. Alsdann fügt man 5 ccm einer 1 procentigen Weinsäurelösung hinzu (die Flüssigkeit enthält alsdann etwa 0,1 % Weinsäure), bringt das mit einem Metallschälchen zugedeckte Gefäss in einen Soxhlet'schen Dampftopf und erhitzt ½ Stunde auf 3 Atmosphären. Nach dem Erkalten und Oeffnen des Dampftopfes senkt man das Gefäss wieder in das 70° C. warme Wasserbad und versetzt den Inhalt mit 5 ccm Malzauszug; nach 20 Minuten ist nunmehr alles Stärkemehl mit Sicherheit gelöst, man spült den Inhalt des Metallgefässes in einen 250 ccm-Kolben, filtrirt nach etwa ¼ Stunde ab, und invertirt 200 ccm hiervon mit 15 ccm Salzsäure von 1,125 spec. Gew. in bekannter Weise. Nach dreistündigem Kochen ist diese Operation beendet, und man bringt die invertirte Flüssigkeit in einen 500 ccm-Kolben, neutralisirt[24]) die Salzsäure mit Kali- oder Natronlauge, füllt bis zur Marke auf und verwendet von dieser Lösung 50 ccm zur Reduktion der Fehling'schen Lösung. Diese 50 ccm entsprechen 0,24 g Substanz; die in den zugesetzten 10 ccm Malzauszug enthaltene Kohlenhydratmenge ist zu berücksichtigen.

Zur Bestimmung des Dextrosewerthes des Malzauszugs werden 50 ccm desselben mit 150 ccm Wasser und 15 ccm Salzsäure wie oben invertirt, dann neutralisirt, auf 250 ccm gebracht und hiervon 50 ccm = 10 ccm ursprünglichem Malzauszug zur Reduktion verwendet. Bei Verwendung von 10 ccm Malzauszug sind in 50 ccm der invertirten Stärkelösung 0,8 ccm Malzextrakt enthalten, deren Dextrosewerth in Abzug zu bringen ist.

c) Methode der Verzuckerung der Stärke durch Diastase, welche das Erhitzen im Dampftopf umgeht:

---

[23]) M. Märcker: Handbuch der Spiritusfabrikation. 4. Aufl. 1886, S. 94.
[24]) Die Flüssigkeit darf jedoch eher schwach sauer als alkalisch reagiren.

Von der Substanz wird so viel abgewogen, dass der Stärkegehalt nicht über 2 g beträgt. Die feingemahlene Substanz wird in einer Reibschale mit lauwarmem Wasser angerieben, damit sich keine Klümpchen bilden. Das Ganze wird in einen 200 ccm-Kolben mit soviel Wasser gespült, dass die Gesammtmenge desselben etwa 100 ccm beträgt. Durch Erwärmen im Wasserbade wird nun die Stärke verkleistert, und nach Abkühlung auf 60—65° C. giebt man 15 Tropfen eines Malzauszuges oder einer Lösung von reiner Diastase[25]) hinzu.

Zur Einwirkung der Diastase auf die Stärke wird sodann 2 Stunden lang auf 60—65° C. erwärmt, auf 200 ccm aufgefüllt und filtrirt. 100 ccm des Filtrats werden darauf mit 10 ccm einer Salzsäure von 1,125 spec. Gewicht versetzt und 3 Stunden lang im kochenden Wasserbade erhitzt, das Ganze mit Natronlauge bis zur schwach sauren Reaktion versetzt und auf 250 ccm aufgefüllt. Von dieser Lösung werden 25 ccm zur Bestimmung der Dextrose verwendet. Falls Malzauszug zur Verzuckerung gedient hat, ist der Zuckergehalt desselben zu bestimmen und in Abzug zu bringen. Bei Anwendung einer Lösung von reiner Diastase ist die vorherige Zuckerbestimmung unnöthig. Diese Methode ist jedoch weniger empfehlenswerth als die vorhergehenden. Jedenfalls ist sie nur dann zu verwerthen, wenn man sich überzeugt hat, dass in dem ausgewaschenen Rückstande der Filtration unter dem Mikroskop durch Jod keine ungelöste Stärke mehr nachweisbar ist.

V. Bestimmung der Rohfaser.

Unter „Rohfaser" versteht man denjenigen Rest an organischer Substanz, welcher übrig bleibt, wenn man 3 g der feingepulverten Substanz — falls dieselbe sehr fettreich ist, nach dem Entfetten — nach einander je $\frac{1}{2}$ Stunde mit $1\frac{1}{4}$ procentiger Schwefelsäure und $1\frac{1}{4}$ procentiger Kalilauge kocht (Weender-Verfahren).

Die Ausführung der Rohfaserbestimmung erfolgt nach dem Verfahren von Fr. Holdefleiss unter Anwendung einer Glasbirne von etwa 300 ccm Inhalt oder noch einfacher und schneller in folgender Weise:

3 g der feingepulverten, nöthigenfalls entfetteten Substanz werden in einer Porzellanschale, welche bis zu einer im Innern angebrachten kreis-

---

[25]) 2 kg frisches Grünmalz werden in einem Mörser mit einer Mischung von 1 l Wasser und 2 l Glycerin übergossen und durchgemischt, dann 8 Tage stehen gelassen. Darauf presst man die Flüssigkeit möglichst gut aus und filtrirt; das Filtrat wird mit dem 2 bis 2,5 fachen Vol. Alkohol gefällt, der Niederschlag abfiltrirt, mit Alkohol und Aether behufs Entwässerung ausgewaschen, über Schwefelsäure getrocknet und für den Gebrauch in glycerinhaltigem Wasser gelöst.

förmigen Marke 200 ccm Flüssigkeit fasst, mit 200 ccm 1¼ procentiger Schwefelsäure (von einer Lösung, welche 50 g konc. Schwefelsäure im Liter enthält, nimmt man 50 ccm und setzt 150 ccm Wasser hinzu) genau ½ Stunde unter Ersatz des verdampfenden Wassers gekocht, sofort durch ein dünnes Asbestfilter filtrirt und mit heissem Wasser hinreichend ausgewaschen. Darauf spült man das Filter mitsammt seinem Inhalt in die Schale zurück, giebt 50 ccm Kalilauge hinzu, welche 50 g Kalihydrat im Liter enthält, füllt bis zur Marke der Schale auf, kocht wiederum genau ½ Stunde unter Ersatz des verdampfenden Wassers, filtrirt durch ein neues Asbestfilter und wäscht mit einer reichlichen Menge kochenden Wassers und darauf nach Entfernung des Filtrats aus der Saugflasche je zwei- bis dreimal mit Alkohol und Aether nach. Das alsdann sehr bald lufttrockene Filter nebst Inhalt bringt man verlustlos[26]) in eine ausgeglühte Platinschale und trocknet 1 Stunde bei 100—105° C. Nachdem die Schale im Exsikkator erkaltet ist, wird sie so schnell wie möglich gewogen, darauf kräftig geglüht, bis kein Aufleuchten von verbrennenden Rohfasertheilchen mehr stattfindet, im Exsikkator erkalten gelassen und wiederum schnell gewogen. Die Differenz zwischen der ersten und zweiten Wägung ergiebt die Menge der in 3 g Substanz vorhandenen Rohfaser.

Die auf diese Weise erhaltene Rohfaser enthält noch vielfach nicht unbeträchtliche Mengen (2—5 %) Stickstoffsubstanz; dieselbe kann nöthigenfalls in einem gleichbehandelten Theile der Substanz nach dem zweiten Filtriren durch Verbrennen nach Kjeldahl ermittelt und von der Rohfaser in Abzug gebracht werden.

Sehr stärkereiche Stoffe werden zweckmässig vor Anwendung der Säure und des Alkalis zur Lösung der Stärke mit Malzaufguss behandelt.

VI. Bestimmung der Mineralstoffe.

1. Bestimmung der Gesammtmineralstoffe oder der Asche.

Diese ist wie folgt auszuführen:

Etwa 5—10 g der Substanz oder eine der Trockensubstanz hierin entsprechende Menge Flüssigkeit nach dem Eindampfen werden in einer ausgeglühten und gewogenen Platinschale durch eine mässig starke Flamme verkohlt. Hierbei empfiehlt es sich, die Flamme mehrmals für kurze Zeit zu entfernen, wodurch die Verbrennung der Hauptmenge der Kohle beschleunigt wird. Die nach mässigem Erhitzen noch vorhandene Kohle

---

[26]) Dies erfolgt unschwer, wenn man das Filter mittelst eines Platinspatels abhebt und das dem Trichter oder der Filterplatte etwa noch Anhaftende mit einem Gummiwischer oder dem Finger in die Platinschale befördert. Vortheilhaft kann man sich zur zweiten Filtration eines grösseren Gooch'schen Tiegels bedienen.

wird darauf mit heissem Wasser ausgelaugt, das Ganze durch ein möglichst aschefreies Filter oder ein solches von bekanntem Aschengehalt in ein kleines Becherglas filtrirt und mit möglichst wenig Wasser nachgewaschen. Das Filter mit dem Rückstande wird alsdann in der Platinschale getrocknet und vollständig verascht, bis keine Kohle mehr sichtbar ist. Darauf wird das Filtrat nach dem Erkalten der Schale hinzugegeben, auf dem Wasserbade unter Zusatz von Ammoniumkarbonat eingedampft, nochmals kurze Zeit schwach geglüht und nach dem Erkalten gewogen.

Vielfach ist bei der Analyse ausser der Bestimmung der Gesammtasche eine solche der Reinasche bezw. der in Salzsäure löslichen Aschenbestandtheile erforderlich.

Man erwärmt zu diesem Zwecke die gewogene Gesammtasche in der Platinschale 1 Stunde mit 10 procentiger Salzsäure im Wasserbade, filtrirt das Unlösliche ab, glüht und wägt dasselbe. Die Differenz zwischen der Gesammtasche und dem erhaltenen Rückstande ist die Menge der in Salzsäure löslichen Aschenbestandtheile.

Nicht selten enthält der in 10 procentiger Salzsäure unlösliche Rückstand noch wesentliche Mengen löslicher Kieselsäure. Man entfernt dieselbe aus dem Rückstande durch halbstündiges Auskochen desselben mit einer kalt gesättigten Lösung von Natriumkarbonat, der man etwas Natronlauge zusetzt, in einer geräumigen Platinschale. Die Menge der Gesammtasche abzüglich des so erhaltenen Rückstandes ergiebt die Menge der Reinasche.

2. Bestimmung einzelner Mineralbestandtheile.

Von den Bestandtheilen der Asche sind häufig die folgenden quantitativ zu bestimmen: Kalk, Magnesia, Kali, Natron, Schwefelsäure, Phosphorsäure und Chlor bezw. Chlornatrium.

Da die Bestimmung der ersten fünf Bestandtheile, von denen der Kalk in essigsaurer Lösung gefällt werden muss, als allgemein bekannt vorausgesetzt werden kann, so möge hier nur die Bestimmung der Phosphorsäure und des Chlors vereinbart werden.

a) Bestimmung der Phosphorsäure.

Die Bestimmung der Phosphorsäure erfolgt nach Zerstörung der organischen Stoffe mit geeigneten Mitteln nach der Molybdän-Methode. Die salpetersaure Lösung wird in einem Becherglase mit soviel Molybdän-Lösung[27] versetzt, dass die Flüssigkeit auf 0,1 g $P_2 O_5$ nicht unter

---

[27] Molybdän-Lösung nach Wagner-Stutzer: 150 g molybdänsaures Ammon werden in möglichst wenig Wasser gelöst, 400 g Ammonnitrat hinzugefügt, die Flüssigkeit mit Wasser zu 1 l verdünnt und diese Lösung in 1 l Salpetersäure von 1,19 spec. Gewicht langsam unter Umrühren eingegossen. Die so bereitete Lösung wird 24 Stunden bei ca. 35° C. stehen gelassen und falls, wie häufig, ein gelber Niederschlag von phosphormolybdänsaurem Ammon entsteht, filtrirt. Der bei längerem Aufbewahren der Molybdänlösung entstehende gelbe Bodensatz besteht aus einer gelben Modifikation der Molybdänsäure.

50 ccm Molybdänlösung enthält. Der Inhalt des Becherglases wird im Wasserbade auf ca. 80—90° C. erhitzt, etwa 1—2 Stunden bei Seite gestellt, filtrirt und der Niederschlag mit Ammonnitratlösung[28]) ausgewaschen. Das erst angewendete Becherglas, an dessen Wandungen Theile des Niederschlages fest anhaften, wird alsdann unter den Trichter gestellt, der Niederschlag mit $2\frac{1}{2}$ procentiger Ammoniakflüssigkeit unter hinreichendem Auswaschen des Filters gelöst und soviel Ammoniakflüssigkeit verwendet, dass das Filtrat etwa 75 ccm beträgt.

Man neutralisirt das überschüssige Ammoniak annähernd mit Salzsäure, lässt erkalten und setzt auf 0,1 g P_2O_5 tropfenweise unter fortwährendem Umrühren 10 ccm Magnesiamischung[29]) hinzu; darauf wird noch $\frac{1}{3}$ Vol. Ammoniak zugemischt, einige Stunden — es genügen 2 — unter Bedecken mit einer Glasplatte stehen gelassen, der Niederschlag abfiltrirt, mit $2\frac{1}{2}$ procentiger Ammoniakflüssigkeit bis zum Verschwinden der Chlorreaktion ausgewaschen, der Niederschlag kurze Zeit an der Luft oder im Trockenraum schwach abgetrocknet oder auch direkt in einen Platintiegel gebracht, indem man das Filter oben zusammenfaltet und umgekehrt mit der Spitze nach oben in den Tiegel legt. Man erwärmt anfänglich bei bedecktem Tiegel mit kleiner, etwas abstehender Flamme, nach Verjagen der Feuchtigkeit unter Schieflegen des Tiegels etwa 10 Minuten stärker, bis das Filter verkohlt ist, und darauf 5 Minuten im Gebläse (oder auch in einer geeigneten Glühlampe), bis die Asche weissgebrannt ist.

Statt den Niederschlag durch ein Papierfilter zu filtriren, kann man sich auch vortheilhaft eines Gooch'schen Tiegels mit Asbestfilter bedienen. Liegt eine salzsaure Lösung zur Bestimmung der Phosphorsäure vor, so ist diese zuerst durch wiederholtes Eindampfen mit Salpetersäure von der Salzsäure zu befreien.

b) Bestimmung des Chlors.

Für gewöhnlich, wenn es sich nur um die Bestimmung eines Zusatzes von Chlornatrium zu Nahrungs- und Genussmitteln handelt, kann die Bestimmung des Chlors in der bei möglichst niedriger Temperatur ohne Zusatz hergestellten Asche vorgenommen werden[30]).

---

[28]) Verdünnte Ammonnitratlösung zum Auswaschen. 150 g Ammonnitrat werden mit 10 ccm Salpetersäure (1,19 spec. Gewicht) und Wasser zu 1 l gelöst. Statt dieser Lösung bedient man sich auch wohl einer verdünnten Molybdänlösung (1 Th. der vorstehenden Lösung + 3 Theile Wasser).

[29]) Magnesiamischung: 55 g krystall. Chlormagnesium und 70 g Chlorammonium werden in 650 ccm Wasser und 350 ccm 10procent. Ammoniaks gelöst.

[30]) Wenn es sich um möglichst grosse Genauigkeit der Chlorbestimmung handelt, muss die Substanz vorher mit einer hinreichenden Menge (etwa 20 ccm 5 procentiger) Natriumcarbonatlösung unter Zusatz von etwas Natronlauge eingedampft und darauf bei möglichst niedriger Temperatur verascht werden.

Man bestimmt in diesem Falle das Chlor entweder in der salpetersauren Lösung der Asche oder in einem aliquoten Theile derselben entweder:

α) gewichtsanalytisch mit Silbernitratlösung. (Die gefundene Chlorsilbermenge mit 0,2474 multiplicirt ergiebt die vorhandene Chlormenge) oder

β) maassanalytisch nach J. Volhard[31]) oder in der wässerigen neutralen Lösung nach Mohr[32]).

c) Nachweis und Bestimmung von Kupfer und Zink

sollen bei denjenigen Kapiteln beschrieben werden, bei welchen die Berücksichtigung dieser Metalle in Betracht kommt.

VII. Bestimmung des specifischen Gewichtes von Flüssigkeiten.

Als Vergleichstemperatur bei der Bestimmung des specifischen Gewichtes wählt man bei flüssigen Körpern meist 15⁰ oder 17,5⁰ C., bei festen Fetten auch 100⁰ C.

Bei der Angabe des specifischen Gewichtes einer Flüssigkeit ist die gewählte Temperatur stets anzugeben.

Zur Bestimmung des spec. Gewichtes von Flüssigkeiten, welche bei der Untersuchung von Nahrungs- und Genussmitteln hauptsächlich in Betracht kommen, können dienen

1. das Pyknometer,

2. die Mohr-Westphal'sche Waage oder auf gleicher Grundlage construirte Waagen,

3. Aräometer, falls diese die Ablesung der 4. Decimale gestatten.

VIII. Prüfung der Nahrungsmittel auf Schimmel.

Zur Prüfung eines Nahrungsmittels auf Schimmel etc. kann man sich des folgenden Verfahrens bedienen:

In ein Erlenmeyer-Kölbchen von etwa 200—300 ccm Inhalt giebt man ca. 100 ccm Wasser, verschliesst dasselbe mit sterilisirter bezw. Salicylwatte, kocht das Wasser auf etwa 25—30 ccm ein und lässt, nachdem man über den Baumwollepfropfen eine Papierhülse gestülpt hat, erkalten.

---

[31]) Zeitschr. f. anal. Chemie 1879, Bd. 18, S. 271 nach Liebigs Ann. d. Chemie. Bd. 190, S. 1.

[32]) Vergl. die Lehrbücher der quantitativen chem. Analyse, so Mohr's Lehrbuch der Titrirmethode, neu bearbeitet von A. Classen, ferner C. Rem. Fresenius: Anleitung zur quantitat. chem. Analyse u. andere Lehrbücher.

Nach Entfernung des Baumwollepfropfens füllt man thunlichst schnell in das schräg gehaltene Kölbchen — um das Hineinfallen von Luftstaub zu verhindern — mittels eines sterilisirten Löffels oder bei harten Gegenständen mittels eines geglühten Bohrers thunlichst aus der Mitte des Gegenstandes so viel von letzterem in das Kölbchen, dass die Masse gut durchfeuchtet ist. Darauf verschliesst man das Kölbchen wieder schnell mit dem Baumwollepfropfen und Papier und stellt es in einem Raum von Bruttemperatur (30—40⁰) auf.

Bei stark verschimmelten Gegenständen zeigt sich schon innerhalb 24 Stunden ein weisser Ueberzug auf der breiigen Masse, bei mässig verschimmelten Gegenständen tritt dieser erst nach 3—4 Tagen hervor, durchweg um so später, je weniger Schimmelsporen und Bakterien vorhanden sind.

Beim Oeffnen des Kölbchens ergiebt sich häufig schon aus dem Geruch, welcher Art die Kultur ist. Stark verschimmelte Gegenstände zeigen den bekannten muffigen Schimmelgeruch, verdorbene, verfaulte Gegenstände einen Fäulnissgeruch.

Eine mikroskopische Untersuchung des weissen Ueberzuges ergiebt ferner, ob man es mit Schimmel (event. mit welcher Art) oder mit Bakterien — gewisse Bakterien (Zoogloeen) erzeugen ebenfalls eine weisse Haut — zu thun hat.

Die Unterscheidung der einzelnen Bakterienarten, besonders wenn pathogene Bakterien in Frage kommen, kann nur durch den Bakteriologen von Fach geführt werden.

Die Verschimmelung eines Nahrungsmittels giebt sich in vielen Fällen (besonders bei den fettreichen Nahrungsmitteln) auch durch einen höheren Gehalt an freien Fettsäuren kund (vergl. S. 5).

Nachweis und Bestimmung der Konservirungsmittel.

Referent des Ausschusses: **Dr. König.**
Verfasser: **Dr. Rupp** und **Dr. Windisch.**

Die Art und Weise, wie die nachstehenden Konservirungsmittel aus den einzelnen Nahrungs- und Genussmitteln behufs Nachweises abgeschieden werden, wird bei diesen selbst auseinandergesetzt werden.

1. Bestimmung des Kochsalzes (Chlors).

Es kann entweder in der wässerigen Lösung bezw. einem wässerigen Auszuge der vorher entfetteten Masse oder in der unter Zusatz von Natriumkarbonat nach S. 19 Anm. 30 hergestellten Asche bestimmt werden.

2. Nachweis und Bestimmung des Salpeters (der Salpetersäure).

Qualitativ wird der Salpeter dadurch nachgewiesen, dass man in den filtrirten wässerigen Auszügen, die man etwas eingedampft hat, mit Diphenylamin die Gegenwart der Salpetersäure feststellt.

Geringe Mengen können auch, z. B. bei Wurst, von dem zugesetzten Wasser herrühren.

Ueber die quantitative Bestimmung vergl. S. 4 der Allgem. Unters.-Methoden.

3. Nachweis und Bestimmung der Borsäure.

a) Qualitativer Nachweis der Borsäure.

Die unter Zusatz von Soda dargestellte Asche eines Nahrungsmittels wird in wenig Salzsäure gelöst und mit letzterer ein Streifen Kurkumapapier befeuchtet, den man auf einem Uhrglase bei 100^{0}

trocknet. — Entsteht hierbei auf dem Kurkumapapier an der benetzten Stelle eine rothe Färbung, die durch Auftragen eines Tropfens Sodalösung in Blau übergeht, so ist Borsäure nachgewiesen. Der übrige Theil der alkalisch gemachten Aschenlösung wird eingedampft, der Rückstand mit Salzsäure schwach angesäuert, mit Methylalkohol versetzt, Wasserstoff durchgeleitet und letzterer angezündet; bei Gegenwart von Borsäure brennt er mit grün gesäumter Flamme.

b) Quantitative Bestimmung der Borsäure.

Wenn die Borsäure als Borfluorkalium bestimmt werden soll, so muss die Darstellung der Asche unter Zusatz von Kaliumkarbonat erfolgt sein. In der Asche bestimmt man dann die Borsäure entweder nach dem von A. Stromeyer[1]) angegebenen, von R. Fresenius[2]) abgeänderten Verfahren als Borfluorkalium, oder nach dem Verfahren von Th. Rosenbladt[3]) und F. A. Gooch[4]) durch Destillation mit Methylalkohol.

4. Bestimmung der schwefligen Säure.

Die schweflige Säure wird nach dem in der amtlichen „Anweisung zur chemischen Untersuchung des Weines" vorgeschriebenen Verfahren bestimmt: Man destillirt die schweflige Säure im Kohlensäurestrome unter Zusatz von Phosphorsäure ab, fängt sie in verdünnter Jodlösung auf, und bestimmt die durch Oxydation der schwefligen Säure entstandene Schwefelsäure gewichtsanalytisch als Baryumsulfat.

5. Nachweis des Fluors.

Der qualitative Nachweis wird nach W. Windisch[5]) in der Weise geführt, dass man je nach der Menge des Fluors 100 ccm bis mehrere Liter Wein bezw. entkohlensäuertes Bier zum Sieden erhitzt und mit Kalkwasser bis zur stark alkalischen Reaktion versetzt. Der entstehende voluminöse Niederschlag, der sich rasch absetzt, enthält die grösste Menge des Fluors[6]). Er wird, nachdem die überstehende klare Flüssigkeit abgehebert ist, zum Kochen erhitzt und durch einen Leinwandlappen filtrirt.

---

[1]) Ann. Chem. und Pharm. 1856, Bd. 100, S. 82.
[2]) Zeitschr. f. anal. Chemie 1886, Bd. 25, S. 204.
[3]) Ebd. 1887, Bd. 26, S. 18.
[4]) Analyst 1887, Bd. 12, S. 92 u. 132.
[5]) W. Windisch, Wochenschr. f. Brauerei 1896, Bd. 13, S. 449.
[6]) G. Nivière und A. Hubert, Monit. scientif. 1895, Bd. 4, S. 324; R. Hefelmann und P. Mann, Pharm. Centralh. 1895, Bd. 36, S. 249; J. Brand, Zeitschr. f. d. ges. Brauwesen 1895, Bd. 18, S. 317.

Alsdann wird der feuchte Niederschlag in dem zusammengefalteten Leinwandlappen zwischen Filtrirpapier abgepresst, mit einem Messer abgekratzt,
in einen Platintiegel gebracht, mit kleiner Flamme getrocknet, geglüht,
nach dem Erkalten in dem Tiegel gepulvert, mit 3 Tropfen Wasser durchfeuchtet und mit 1 ccm koncentrirter Schwefelsäure versetzt. Sofort nach
dem Zusatze der Schwefelsäure wird der behufs Erhitzens auf eine Asbest-
platte gestellte Platintiegel mit einem grossen Uhrglas bedeckt, das auf
der Unterseite in bekannter Weise mit Wachs überzogen und beschrieben
ist. Um das Schmelzen des Wachses zu verhüten, wird in das Uhrglas
ein Stückchen Eis gelegt.

Ueber die quantitative Bestimmung des Fluors durch Aetzverlust
vergl. H. Ost und A. Schumacher[7]).

6. Nachweis der Salicylsäure.

Qualitativ wird die Salicylsäure durch die Violettfärbung auf Zusatz
von verdünnter Eisenchloridlösung (von 1,005—1,010 spec. Gew.) nachgewiesen.

7. Nachweis der Benzoësäure.

Dieselbe wird in der neutralen wässerigen Lösung durch Zusatz von
einem Tropfen Natriumacetat und neutraler Eisenchloridlösung als röthlicher
Niederschlag von benzoësaurem Eisen erkannt.

8. Nachweis des Formaldehyds.

Von Flüssigkeiten unterwirft man 100 ccm der Destillation und fängt
20—25 ccm Destillat auf. Feste Körper werden zerkleinert und mit kaltem Wasser ausgezogen; von den vereinigten Auszügen destillirt man etwa
$\frac{1}{4}$ Raumtheil ab. In dem Destillate wird der Formaldehyd nach folgenden
Verfahren nachgewiesen:

a) 10 ccm des Destillates werden mit 2 Tropfen einer ammoniaka-
lischen Silberlösung (erhalten durch Auflösen von 1 g Silbernitrat in 30 ccm
Wasser, Versetzen ·mit verdünntem Ammoniak, bis der anfänglich entstehende Niederschlag sich wieder gelöst hat, und Auffüllen der Lösung mit
Wasser auf 50 ccm) versetzt; nach mehrstündigem Stehen im Dunkeln
entsteht bei Gegenwart von Formaldehyd eine schwarze Trübung[8]).

b) 1 Tropfen des Destillats wird mit 1 Tropfen Ammoniak auf einem
Objektträger verdampft, wobei charakteristische Krystalle von Hexamethy-
lentetramin hinterbleiben. Diese Verbindung giebt mit Quecksilberchlorid,
Phosphormolybdänsäure, Kaliumquecksilberjodid und zahlreichen anderen

---

[7]) Berichte d. deutschen chem. Gesellschaft 1893, S. 151.
[8]) B. T. Thomson, Chem. News 1895, Bd. 71, S. 247.

Substanzen charakteristisch krystallisirende Doppelverbindungen u. s. w., die man unter dem Mikroskop beobachtet[9]).

c) Mit Peptonlösung und koncentrirter Schwefelsäure versetzt, zeigt das Formaldehyd enthaltende Destillat eine Blaufärbung[10]).

d) Versetzt man das Destillat mit einer durch schweflige Säure entfärbten Fuchsinlösung, so färbt es sich bei Gegenwart von Formaldehyd roth[11]).

---

[9]) Romyn, Pharm. Ztg. 1895, Bd. 40, S. 407.

[10]) H. Droop Richmond und L. Kidgell Boseley, Analyst 1895, Bd. 20, S. 154.

[11]) Samuel Rideal, Analyst 1895, Bd. 20, S. 157. Ueber ein anderes Verfahren zum Nachweis von Formaldehyd vergl. A. Brochet und R. Cambier, Compt. rend. 1895, Bd. 120, S. 449.

Fleisch und Fleischwaaren.

Referent des Ausschusses: **Dr. König.**
Verfasser: **Dr. Kossel.**
Nächstbetheiligte Mitglieder: **Dr. Mayrhofer, Dr. Röttger.**

Zu dieser Gruppe gehören die Organe des thierischen Körpers und die daraus bereiteten Produkte.

Vor Allem kommt als Nahrungsmittel das Muskelfleisch in Betracht, sowie das Gewebe der grossen Drüsen des Unterleibes: der Leber und der Niere, ferner das Blut, die Milz, die Thymusdrüse und das Gehirn.

Wir nennen alle diese Organe „Fleisch", während die Muskeln speciell als „Muskelfleisch" bezeichnet werden sollen.

Chemische Bestandtheile des Muskelfleisches. Die chemischen Bestandtheile des von den anhaftenden Mengen von Fett, Sehnen und Knochen möglichst befreiten, todtenstarren Muskelfleisches sind folgende:

1. Wasser: Die Muskeln des erwachsenen Säugethieres enthalten 72—78 % Wasser, dagegen kann der Wassergehalt des embryonalen Fleisches bis zu 98 % steigen, das Fleisch niederer Wirbelthiere, z. B. der Fische, enthält 79—82 % Wasser.

2. Stickstoffhaltige Verbindungen:

a) aus der Gruppe der Proteïnstoffe: Muskelfaser mit dem Myosin (13—18 %), Muskelalbumin, Serumalbumin, Globuline, Blutfarbstoff und Nukleïne, ferner das leimgebende oder Bindegewebe (2—5 %);

b) die nicht eiweissartigen, stickstoffhaltigen Bestandtheile des Fleisches, bestehend aus: Antipepton oder Fleischsäure, Kreatin, Kreatinin, Hypoxanthin (Sarkin), Xanthin, Karnin, Lecithin, Harnstoff etc.; letzterer tritt besonders im Rochen- und Haifischfleisch in grösserer Menge auf.

3. Fett: Dasselbe findet sich auch in dem von anhaftendem Fette befreiten Muskelfleische noch in mehr oder minder grossen Mengen (0,5 bis 4 %).

4. **Stickstofffreie Bestandtheile:** Sie bestehen vorwiegend aus Glykogen (namentlich im Pferdefleisch und dem embryonalen Kalbfleisch vertreten) und mehr oder weniger aus dem aus Glykogen gebildetem Zucker, ferner aus Fleischmilchsäure und geringen Mengen anderer organischer Säuren. Der Gesammtgehalt des Fleisches an diesen Stoffen ist jedoch nur gering.

5. **Mineralstoffe** (etwa 1—2 %): Dieselben bestehen grösstentheils aus Kaliumphosphat, daneben finden sich vorwiegend Calcium-, Magnesiumphosphat und Chlornatrium.

6. **Gase:** An diesen enthält das Fleisch vorwiegend Kohlensäure neben geringen Mengen von Stickstoff.

Die **Reaktion** der todtenstarren Muskeln ist **sauer**.

Die **drüsigen Organe** (Leber, Niere u. s. w.) unterscheiden sich von den Muskeln chemisch hauptsächlich durch den grösseren Gehalt an Nukleïnstoffen. Das Blut hingegen enthält nur sehr wenig Nukleïn, ist aber durch den hohen Gehalt an Blutfarbstoff charakterisirt. Reich an Blutfarbstoff und an Nukleïn ist die Milz. Im Uebrigen enthalten die Organe: globulinartige Eiweissstoffe, Glykogen und andere Kohlenhydrate, Lecithin, Fett, Cholesterin, in geringeren Mengen Inosit, Amidosäuren und ähnliche Stoffe, ferner Salze von Kalium, Eisen, Calcium, Magnesium als Phosphate und Chloride.

In den **nervösen Organen** finden sich in reichlicher Menge Lecithin und Cholesterin, sowie Protagon und seine Derivate (Cerebroside), neben Eiweissstoffen und anorganischen Salzen.

Das **embryonale Fleisch** ist durch hohen Wassergehalt und durch die Anwesenheit von Mucin ausgezeichnet, welches letztere seinen wässerigen, in der Kälte bereiteten Auszügen fadenziehende Beschaffenheit ertheilen kann. Das embryonale Muskelfleisch ist (auf Trockensubstanz berechnet) auch reicher an Nukleïnstoffen als dasjenige des erwachsenen Thieres.

Alle Organe enthalten nicht nur ihr typisches Gewebe, z. B. Muskelfasern, Leberzellen, sondern sie sind durchsetzt von Blutgefässen, Nerven und bindegewebigen Theilen. Diese bedingen einen wechselnden Gehalt an Blutfarbstoff, Protagon, Kollagen, Elastin und Fett.

Zubereitung des Fleisches für den Genuss.

Nur zum sehr geringen Theile wird das Fleisch im rohen Zustande genossen, grösstentheils wird es im frischen Zustande durch Kochen oder Braten für den alsbaldigen Genuss zubereitet, zum Theil aber auch für den späteren Gebrauch konservirt.

Von den Konservirungsmethoden sind die wichtigsten das **Einsalzen** (Pökeln) und das **Räuchern**. Beide Methoden werden vielfach nach einander bei ein und demselben Fleischstücke angewendet. Häufig wird aber das frische oder auch gesalzene Fleisch in Metallbüchsen durch Kochen sterilisirt und diese luftdicht verlöthet (Büchsenfleisch, Corned beef); endlich kann das Fleisch auch durch Austrocknen für späteren Gebrauch konservirt werden (Stockfisch). Ueber Wurst und Wurstwaaren vergl. S. 38.

Gesichtspunkte für die Untersuchung des Fleisches.

Zuständigkeit des Chemikers und des Thierarztes.

1. Handelt es sich bei der Untersuchung und Beurtheilung des Fleisches um Untersuchungen am lebenden Thiere, um Beurtheilung des Schlachtbefundes, um den Nachweis von Parasiten, ferner um Fleisch von mit kontagiösen oder Infektionskrankheiten behafteten Thieren, so ist einzig und allein der beamtete Thierarzt bezw. Fleischbeschauer zuständig.

2. Auch für die Bestimmung und Beurtheilung der Thierspecies (Pferdefleisch), den Nachweis von embryonalem Fleisch, ist in erster Linie der Thierarzt zuständig, doch kann in diesen Fällen mitunter die chemische Untersuchung das Urtheil des Thierarztes ergänzen bezw. bekräftigen und von diesem gewünscht werden. Deshalb sollen die chemischen Methoden zur Untersuchung des Fleisches, welche für die vorgenannten Punkte in Betracht kommen, hier Aufnahme finden.

3. Dasselbe gilt von dem Nachweis faulen Fleisches. Auch hier kann der Chemiker durch den Nachweis der aromatischen Oxysäuren, des Indols, Skatols nach den Methoden von Baumann, Hoppe-Seyler[1]) und nach den Arbeiten von A. Kossel[2]) das Urtheil des Thierarztes ergänzen.

4. Handelt es sich aber bei der Untersuchung des Fleisches oder der Fleischwaaren um die Bestimmung der Zusammensetzung (Nährwerth derselben), um den Nachweis von Konservirungsmitteln oder Metallen, um den Nachweis eines Zusatzes von Farbstoffen oder endlich um Verfälschungen mit Mehl, Stärkemehl u. dergl., so ist dies zu untersuchen einzig und allein die Sache des Chemikers.

Prüfung auf Ptomaïne.

Die Ptomaïne sind bisher nur in einzelnen Fällen (Miesmuscheln) als die Träger der Giftwirkung von Fleisch erkannt worden. Ihrem Nachweis kommt daher nur eine untergeordnete Bedeutung zu.

Bei der Beurtheilung der Giftigkeit der Miesmuschel sind die Arbeiten von Brieger (Nachweis des Mytilotoxins — Deutsche medicinische

---

[1]) Siehe Hoppe-Seyler's Handbuch der physiologisch- und pathologisch-chemischen Analyse. 6. Aufl., bearb. von F. Hoppe-Seyler und H. Thierfelder. Berlin 1893, S. 157 u. f. Hier ist auch die Litteratur angegeben.

[2]) Bisher nicht veröffentlicht.

Wochenschrift 1885 No. 53) neben dem physiologischen Experimente mit dem salzsäurehaltigen, wässerigen Auszuge massgebend.

Untersuchung auf Fäulniss.

Die Untersuchung des Fleisches auf Fäulniss kann erforderlich sein:

1. weil das Fleisch durch stärkere Fäulniss ekelerregende Beschaffenheit annimmt,

2. weil durch den Genuss des in Zersetzung übergegangenen Fleisches Erkrankungen hervorgerufen werden können. Es kommt ausserdem in Betracht, dass gewisse septische Krankheiten der Schlachtthiere sich durch sehr schnellen Eintritt stärkerer Fäulniss nach dem Tode verrathen. Also ist schon ein abnorm früher Eintritt der Fäulniss ein Grund, das Fleisch zu beanstanden[3]).

Während ein stärkerer Grad von Fäulniss zu beanstanden ist, werden die meisten Fleischarten im Zustande der beginnenden Zersetzung genossen, weil das Fleisch erst durch den Beginn der Fäulniss die von der Todtenstarre bedingte zähe Beschaffenheit verliert.

Die unmittelbar wahrnehmbaren Zeichen der Fäulniss sind besonders

---

[3]) O s t e r t a g, Fleischbeschau S. 485.

Hierbei ist noch darauf hinzuweisen, dass unter derartigen Verhältnissen fast ausnahmslos eine rasche faulige Zersetzung des Kadavers einzutreten pflegt, die unter anderem sofort an der abgeänderten chemischen Reaktion des Fleisches leicht erkannt werden kann. Reagirt das Fleisch krankheitshalber geschlachteter Thiere schon innerhalb der ersten 24 Stunden nach dem Tode alkalisch, so ist es im Zweifelsfalle unbedingt als faulig und verdorben und daher als ungeniessbar zu betrachten.

Ebenso ist in zweifelhaften Fällen die Geniessbarkeit des Fleisches krankheitshalber geschlachteter Thiere unbedingt auszuschliessen, wenn schon innerhalb 48 Stunden nach dem Tode die Fleischfasern bei ihrer mikroskopischen Untersuchung ihre charakteristische Querstreifung verloren haben, körnig getrübt und im scholligen Querzerfall begriffen sind.

Sollten sich selbst bei Beachtung aller dieser Gesichtspunkte hinsichtlich der Geniessbarkeit des Fleisches Zweifel erheben, so erscheint es dringend geboten, die Entscheidung hierüber im Sommer nicht vor 24, im Winter nicht vor 48 Stunden nach beendigter Ausschlachtung zu treffen. Die Erfahrung lehrt, dass sich innerhalb dieser Frist bei septischen und toxischen Vergiftungen des Fleisches so auffällige, von der Norm abweichende Veränderungen des Fleisches in Bezug auf Farbe und Geruch einstellen, dass man in zweifelhaften Fällen auf diese hin immer richtig handeln wird, die Geniessbarkeit solchen Fleisches zu beanstanden. Zur Vermeidung jeden Konfliktes mit den steuergesetzlichen Bestimmungen empfiehlt es sich aber unter solchen Umständen, den Nothschlachtschein zwar sofort bei der ersten Untersuchung auszustellen, die Beantwortung der in demselben enthaltenen Frage nach der Geniessbarkeit des Fleisches jedoch ausdrücklich von einer nothwendigen zweiten Untersuchung abhängig zu machen.

folgende: Lockerung des Bindegewebes bis zu völligem schmierigen Zerfall; Fäulnissgeruch und abnormer Geschmack, grünliche Verfärbung[4]).

Ausführung der chemischen Untersuchungsmethoden des Fleisches.

1. Bestimmung der wichtigsten chemischen Bestandtheile (Untersuchung auf **Zusammensetzung** oder **Nährwerth**).

Für die Bestimmung der chemischen Bestandtheile wird das zu untersuchende Fleisch entweder mit dem Fleischhackmesser oder einer geeigneten Fleischhackmaschine mehrmals gehackt und so möglichst fein zerkleinert und gemischt, bis die Masse fein und vollkommen gleichmässig ist.

In der so vorbereiteten Probe bestimmt man bei thunlichster Vermeidung eines Wasserverlustes der Probe:

a) das **Wasser** nach S. 1 der Allgemeinen Untersuchungsmethoden zunächst durch Vortrocknen bei ca. 50°, sodann durch Trocknen bei 105 bis 110° bis zum gleichbleibenden Gewicht;

b) den **Stickstoff** nach Kjeldahl (S. 3, Anm.). Durch Multiplikation der gefundenen Stickstoffmenge mit 6,25 erhält man die Menge der vorhandenen Stickstoffsubstanz. Da man jedoch bei der Addition der so gefundenen Zahl zu den übrigen Bestandtheilen des Fleisches meist eine die Zahl 100 übersteigende Summe erhält, so empfiehlt es sich, unter Vernachlässigung des durchweg geringen Gehaltes an stickstofffreien Extraktstoffen, die Differenz der Summe von Wasser + Fett + Mineralstoffen von 100 als Stickstoffsubstanz, und den darin direkt gefundenen Stickstoff als solchen anzugeben;

c) das **Fett** durch Ausziehen der wasserfreien Substanz nach S. 4 ebd., indem man die vom grössten Theil des Fettes befreite Masse (Patroneninhalt) mit Seesand verreibt und dann weiter auszieht;

d) die **Mineralstoffe** durch Veraschen nach S. 17 ebd.;

e) die **Extraktivstoffe, das Bindegewebe und die Muskelfaser** nach dem Verfahren von E. Kern und H. Wattenberg[5]).

α) **Extraktivstoffe:** Etwa 50 g möglichst von Fett befreites und sorgfältig zerkleinertes Fleisch werden wiederholt mit kaltem Wasser extrahirt und die Filtrate auf ein bestimmtes Volumen (1000 ccm) gebracht.

---

[4]) Die grünliche Verfärbung wird hervorgerufen durch die Einwirkung des sich entwickelnden Schwefelwasserstoffs auf den Blutfarbstoff. Hierbei bildet sich das grünliche „Schwefelmethämoglobin" (Hoppe-Seyler). Da Schwefelwasserstoff bei Abwesenheit von Sauerstoff nur reducirend auf den Blutfarbstoff einwirkt, während bei Gegenwart von Sauerstoff Schwefelmethämoglobin gebildet wird, so findet die grünliche Verfärbung vorwiegend an den der Luft ausgesetzten Stellen statt.

[5]) Journ. f. Landwirthschaft 1878, S. 549 und 610.

Von diesem dienen aliquote Theile zur Bestimmung der Gesammtmenge der Extraktivstoffe und der Mineralstoffe (nach S. 6 ebd.), des Stickstoffes nach S. 2 ebd., sowie des Eiweissstickstoffes. Zu letzterer Bestimmung wird das Eiweiss durch längeres Kochen abgeschieden, auf einem gewogenen Filter gesammelt, nach dem Trocknen gewogen und darauf zur Bestimmung des Eiweissstickstoffes nach Kjeldahl verbrannt. Die Differenz zwischen der Gesammtmenge des gelösten Stickstoffes und dem so gefundenen Eiweissstickstoff ergiebt die Menge des Nichteiweissstickstoffes.

β) Das Bindegewebe wird in dem Rückstande der Kaltwasserextraktion bestimmt. Derselbe wird wiederholt längere Zeit mit Wasser gekocht, und in aliquoten Theilen der auf 1000 ccm aufgefüllten Filtrate der Gesammtrückstand und der Stickstoff wie unter α) bestimmt.

Unter der Annahme von 18 % Stickstoff im Bindegewebe berechnet man die Menge desselben durch Multiplikation des gefundenen Stickstoffs mit 5,55.

γ) Die als Rückstand der Auskochung nach dem Verfahren unter β) erhaltene Muskelfaser wird auf einem gewogenen Filter gesammelt, zur Entfernung des Wassers mit warmem Alkohol und darauf zur Entfernung des Fettes mit Aether extrahirt, getrocknet und nach dem Wägen verascht. Die Differenz zwischen dem Gesammtrückstande und der Asche ergiebt die Menge der Muskelfaser.

2. Bestimmung der Thierspecies.

Hier kommt hauptsächlich die Unterscheidung des Pferde- und Rindfleisches auf chemischem Wege in Betracht. Für diese sind folgende zwei Methoden angegeben worden.

a) Nachweis und Bestimmung des Glykogens nach W. Niebel[6].

Die Bestimmung zerfällt in 3 Theile.

α) Bestimmung des Glykogens nach R. Külz[7] und E. Brücke[8].

Man bringt 50 g von anhaftendem Fett möglichst befreites, zerhacktes Fleisch in 200 ccm kochendes Wasser und erhält in einer Porzellanschale eine halbe Stunde unter Ersatz des verdunstenden Wassers im Sieden. Dann giesst man die Flüssigkeit vorsichtig ab, zerreibt den Rückstand ohne Verlust in einer grossen Porzellanreibschale möglichst fein, bringt ihn in die Flüssigkeit zurück, fügt 2 g Kalihydrat hinzu und lässt auf dem Wasserbade eindunsten, bis das Volumen 100 ccm beträgt. Wenn noch nicht Alles gelöst oder auf der Oberfläche eine Haut vorhanden ist, bringt man den Inhalt der Schale in ein Becherglas und erhitzt

[6] Zeitschr. f. Fleisch- und Milchhygiene. Berlin 1891, Bd. I, S. 185 u. 210.
[7] Zeitschrift f. Biologie 1886, Bd. 22, S. 161.
[8] Sitzungsber. der Wiener Akademie d. Wiss. 1874, Abth. II Bd. 63.

bei aufgelegtem Uhrglase, bis vollständige Lösung erfolgt ist. Man muss hierzu 4—8 Stunden erhitzen. Nach dem Erkalten neutralisirt man mit Salzsäure und setzt abwechselnd tropfenweise Salzsäure und Kaliumquecksilberjodidlösung (Brücke'sches Reagens) hinzu. In dem voluminösen Niederschlage ist alles Eiweiss (Pepton etc.) enthalten. Man filtrirt ihn ab[9]), nimmt ihn noch feucht vom Filter, rührt ihn in einer Schale mit Wasser, dem einige Tropfen Salzsäure und Kaliumquecksilberjodid zugesetzt sind, zu einem dünnen Brei an und bringt ihn nochmals auf das Filter. Diese Behandlung muss 4 Mal wiederholt werden. Man fügt zu den vereinigten Filtraten unter Umrühren das doppelte Volumen Alkohol (96 %), dekantirt nach 12 Stunden und filtrirt. Den Niederschlag löst man in wenig warmem Wasser, versetzt nach dem Erkalten mit einigen Tropfen Salzsäure und Kaliumquecksilberjodid, um Spuren von Eiweiss zu entfernen, filtrirt und fällt das Filtrat wieder mit Alkohol. Das Glykogen wird auf gewogenem Filter gesammelt, zunächst mit Alkohol, darauf mit Aether, zuletzt nochmals mit absolutem Alkohol gewaschen, bei 110° getrocknet und gewogen.

Das so dargestellte Glykogen muss[10]) folgende Eigenschaften besitzen:

1. es muss ein amorphes, weisses Pulver sein,

2. die wässerige Lösung desselben muss eine starke weisse Opalescenz zeigen,

3. die Lösung muss mit Jod eine burgunderrothe Färbung geben,

4. die Lösung darf Fehling'sche Lösung nicht reduciren und weder Stickstoff noch Asche enthalten.

β) Bestimmung des Zuckers.

100 g des wie unter α) vorbereiteten Fleisches werden nach S. 30 mit Wasser behandelt und in einem aliquoten Theil der filtrirten Lösung in üblicher Weise der Zucker bestimmt.

γ) Bestimmung der fettfreien Trockensubstanz.

Man bringt 2 g der zu untersuchenden Probe in eine Mischung von Alkohol und Aether, lässt ½ Stunde darin stehen, filtrirt und wäscht mit Aether nach. Der Rückstand wird auf 100° erwärmt, wiederum mit Aether gewaschen, bei 110° getrocknet und gewogen. Der so erhaltene Rückstand ist fettfreie Trockensubstanz.

Wenn die Summe der auf Traubenzucker umgerechneten Glykogen-

---

[9]) Es kommt zuweilen vor, dass die letzten Theile des Eiweissniederschlages sich nicht abscheiden, sondern in Form einer milchigen Trübung in Lösung bleiben. In diesem Falle versetzt man nach Pflüger (Arch. d. ges. Physiologie 1893, 53, S. 491) die Flüssigkeit mit dem doppelten Volumen 96 bis 98%igem Alkohol, lässt stehen, bis sich der Niederschlag vollkommen abgesetzt hat, hebt den Alkohol ab oder trennt ihn vom Niederschlage durch Filtration. Man löst den Niederschlag in 2%iger Kalilauge, neutralisirt und fällt von Neuem mit Salzsäure und Kaliumquecksilberjodid, so lange noch ein Niederschlag entsteht. Jetzt gelingt die vollkommene Fällung stets.

[10]) Vierteljahresschrift der Chemie der Nahrungs- und Genussmittel 1895, 10. Jahrg., S. 1. Daselbst nach Zeitschr. f. Fleisch- und Milchhygiene 1895, Bd. 5, S. 86.

menge[11]) und des gefundenen Traubenzuckers 1 % der fettfreien Trockensubstanz der Fleischwaare übersteigt, so ist nach W. Niebel der Nachweis des Pferdefleisches als erbracht anzusehen[12]).

Das Verfahren von W. Bräutigam und Edelmann[13]) zum Nachweise des Pferdefleisches mit Hilfe der Jodreaktion des Glykogens ist nach W. Niebel[14]) und Drechsler[15]) unsicher, wie dies auch W. Bräutigam und Edelmann[16]) einräumen, die selbst ihrer Methode nur einen orientirenden Werth für die Marktkontrolle beilegen.

b) Methode von A. Hasterlik[17]).

Diese Methode, welche namentlich zum Nachweise des Pferdefleisches in Fleischkonserven (Corned beef) dienen soll, beruht auf der Prüfung des zwischen den Muskelfasern abgelagerten Fettes. Aus 100—200 g von anhaftendem Fette möglichst befreitem feingehacktem Fleisch wird nach dem Trocknen mit Petroläther das Fett ausgezogen, und in dem nach dem Abdestilliren des Petroläthers zurückbleibenden Fett die Jodzahl bestimmt. A. Hasterlik fand in so dargestelltem Fett aus Pferdefleisch die Jodzahl 79,71—85,57, im Mittel 82,23; im Fett aus Rindfleisch 49,74—58,45, im Mittel 54,37. Er hält die Anwesenheit von Pferdefleisch für erwiesen, wenn die Jodzahl des isolirten Fettes 80 und mehr beträgt[18]).

Die beiden vorstehenden Proben für den Nachweis von

---

[11]) 162 Theile Glykogen entsprechen 180 Theilen Traubenzucker oder 10 Glykogen 11 Traubenzucker. Also erhält man durch Multiplikation der Glykogenmenge mit 1,11 die entsprechende Traubenzuckermenge.

[12]) Nach W. Niebel (vergl. Fussnote No. 6, S. 31) ist die quantitative Bestimmung des Glykogens und Traubenzuckers nicht erforderlich und Pferdefleisch als vorliegend anzusehen, wenn die betreffende Fleischwaare neben einem Gehalte von Glykogen eine braunrothe Farbe besitzt. Das Glykogen muss aber rein dargestellt sein und die oben angegebenen Eigenschaften besitzen.

[13]) Zeitschr. f. anal. Chemie 1894, Jahrg. 33, S. 98. Das. nach Pharm. Centralhalle.

[14]) Vergl. Fussnote No. 10, S. 32.

[15]) Vierteljahresschrift d. Chem. der Nahrungs- und Genussmittel 1895, 10. Jahrg., S. 2. Daselbst nach Zeitschr. f. Fleisch- und Milchhygiene 1895, Bd. 5, S. 110.

[16]) Vierteljahresschrift d. Chem. der Nahrungs- und Genussmittel 1895, 10. Jahrg., S. 2. Daselbst nach Zeitschr. f. Fleisch- und Milchhygiene 1895, Bd. 5, S. 107.

[17]) Arch. f. Hygiene 1893, Bd. 17, S. 441; auch Forschungsberichte über Lebensmittel etc. 1894, Bd. 1, S. 127.

[18]) H. Bremer ist (Forschungsberichte über Lebensmittel etc. 1897, S. 1) der Ansicht, dass, wenn der Auszug eines Fleischpräparats mit Petroläther stark rothbraun aussieht und für das so ausgezogene Fett eine Jodzahl von über 65 und für die löslichen Fettsäuren (Zinksalze) von über 95 gefunden wird, die Gegenwart von Pferdefleisch als erwiesen anzusehen ist.

Pferdefleisch können zur Zeit als absolut sicher zum Ziele führend nicht angesehen werden.

3. Bei der Erkennung von **embryonalem Fleisch** kann das Gutachten des hierfür maassgebenden Thierarztes durch die Bestimmung des Wassergehaltes unterstützt werden, der bei embryonalem Fleisch 85% und mehr beträgt.

4. Erkennung und Nachweis der Fleischfäulniss.

Auch der Nachweis der Fleischfäulniss ist in erster Linie Sache des Thierarztes. Dies ist auch schon aus dem Grunde nothwendig, weil der Nachweis der begonnenen Fäulniss auf chemischem Wege geraume Zeit in Anspruch nimmt, während deren das Fleisch, selbst wenn das Ergebniss negativ ausfiele, meist zum Genusse unbrauchbar geworden sein würde. Die Methoden beruhen auf dem Nachweis gewisser Fäulnissprodukte, nämlich der aromatischen Oxysäuren, ferner des Indols und Skatols und der Phenole nach Baumann und Hoppe-Seyler. Man verfährt in folgender Weise:

50—100 g des zu untersuchenden Fleisches werden fein zerhackt und mit 1 l Wasser angerührt. Die Masse wird sodann im Dampfstrom destillirt, bis ungefähr 300 ccm Flüssigkeit in die Vorlage übergegangen sind.

a) Das Destillat wird mit Natronlauge stark alkalisch gemacht und abermals destillirt. In diesem Destillat wird Indol mit Hilfe von salpetrigesäurehaltiger Salpetersäure (Rothfärbung) und Skatol durch Erwärmen mit koncentrirter Salzsäure oder mit Schwefelsäure (violette bezw. purpurrothe Färbung) nachgewiesen. Der Rückstand der zweiten Destillation wird mit Kohlensäure übersättigt, nochmals destillirt und in dem Destillat der Nachweis des Phenols durch Millon's Reagens (Rothfärbung beim Erwärmen) geführt.

b) Der Rückstand der ersten Destillation wird filtrirt, auf dem Wasserbade stark eingeengt, mit Schwefelsäure unter Vermeidung eines sehr grossen Ueberschusses stark angesäuert und mit mehreren nicht zu kleinen Mengen Aether ausgeschüttelt, die ätherische Lösung abdestillirt und der Rückstand mit Millon's Reagens geprüft. Bei Gegenwart von aromatischen Oxysäuren (Hydroparacumarsäure, Paraoxyphenylessigsäure) ergiebt sich schon in der Kälte oder nach schwachem Erwärmen eine Rothfärbung.

Nach den von A. Kossel und A. Wolkowicz angestellten Versuchen treten bei fortschreitender Fäulniss von den genannten aromatischen Stoffen zunächst die Oxysäuren auf, etwas später Indol und Skatol.

Bei der Untersuchung von Fleisch auf Fäulniss nach den vorstehenden Methoden ist jedoch Folgendes zu beachten:

1. Die Anwendung dieses Verfahrens ist ausgeschlossen bei geräucherten oder mit aromatischen Konservirungsmitteln (z. B. Salicylsäure) behandelten Fleischwaaren.

2. Der Darminhalt ist auf das Sorgfältigste von der Untersuchung auszuschliessen, besonders bei Fischen. Bei grösseren Thieren dürfen auch die Fleischstücke nicht aus der unmittelbaren Nähe des Darmes entnommen werden.

3. Die zu untersuchende Fleischprobe ist aus der Mitte des Stückes herauszunehmen, da sich auf der Oberfläche eine in Zersetzung übergehende Schicht bilden kann, ohne dass das Fleisch als verdorben oder gesundheitsschädlich zu bezeichnen wäre.

Da diejenigen Stoffe, welche die gesundheitsschädlichen Wirkungen faulenden Fleisches bedingen, nicht bekannt sind, so muss man sich mit der Feststellung der fortgeschrittenen Fäulniss begnügen.

5. Nachweis der Fäulnissalkaloïde.

a) Nachweis der Ptomaïne.

Ueber den Nachweis der Ptomaïne gilt das S. 28 Gesagte.

b) Nachweis des Mytilotoxins in den giftigen Miesmuscheln[19]).

Der Nachweis dieses Giftes kann in folgender Weise geführt werden:

1. Man präparirt aus einer Muschel die Leber heraus und bringt sie unter die Haut von einem Kaninchen, nachdem man vorher eine Hauttasche angelegt hat.

2. Man kocht etwa 20 Stück zerquetschter Muscheln mit 200 ccm schwach salzsäurehaltigem Wasser, dekantirt, dunstet die Lösung bei mässiger Temperatur auf dem Wasserbade ein, nimmt den Rückstand mit Alkohol auf, dunstet wiederum ein und spritzt einen Theil des Rückstandes einem Kaninchen unter die Haut.

In beiden Fällen tritt der Tod ein, sobald die Muscheln Gift enthalten.

3. Wenn eine hinreichende Menge der Muscheln zu Gebote steht, so versucht man die Reindarstellung des Mytilotoxins nach Brieger[20]), und führt den Nachweis durch Analyse, Schmelzpunkt des Golddoppelsalzes (182⁰) und Giftigkeit der Base.

Nicht selten werden Vergiftungen nach dem Genuss von Krebsen beobachtet, welche erst einige Zeit nach dem Tode abgekocht worden sind und in denen durch die beginnende Fäulniss giftige Stoffe gebildet worden sind.

Die Erkennung solcher Waare beruht darauf, dass diejenigen Krebse, die zu einer Zeit, wo ihre Muskeln noch reizbar sind, der Siedetemperatur ausgesetzt werden, ihren Schwanz so krümmen, dass er dem Bauche

---

[19]) Das Muschelgift bildet sich nicht durch Fäulniss in der todten Muschel, sondern wird von der lebenden Muschel aus der Umgebung aufgenommen. Giftige Muscheln können durch Aufenthalt in reinem Wasser entgiftet werden (Schmidtmann).

[20]) Deutsche medicinische Wochenschrift 1885, No. 53.

anliegt, während bei solchen, die schon einige Zeit vorher abgestorben waren, der Schwanz in gestreckter Lage bleibt.

6. Nachweis von Konservirungsmitteln.

Bei der Untersuchung von Fleisch- und Fleischwaaren auf Konservirungsmittel ist vorwiegend Rücksicht zu nehmen auf das Vorkommen von Salpeter, Borsäure und Borax, schwefligsauren Salzen (namentlich Calciumbisulfit), Salicylsäure und Formaldehyd.

Meistens begnügt man sich mit dem qualitativen Nachweise derselben und verfährt zu diesem Zwecke, wie folgt:

a) Nachweis der Salicylsäure.

Die zerkleinerte oder zerquetschte Masse wird entweder mit 50 grädigem Alkohol extrahirt, die alkoholische Lösung mit etwas Kalkmilch zur Verjagung des Alkohols eingedampft, der wässerige Rückstand mit verdünnter Schwefelsäure angesäuert und mit Aether ausgeschüttelt. Oder die Masse wird wiederholt mit verdünnter Sodalösung ausgekocht, die Auszüge mit Aether von Fett befreit, eingeengt, filtrirt, mit Schwefelsäure angesäuert, mit Chloroform ausgeschüttelt, und die Salicylsäure in bekannter Weise (S. 24) nachgewiesen.

b) Nachweis von Salpeter, Borax und Borsäure.

Eine hinreichend grosse zerkleinerte Menge der Substanz (etwa 20 g) wird mit Aether oder Petroläther entfettet, darauf mit Wasser hinreichend lange gekocht. In der abfiltrirten Flüssigkeit erfolgt der Nachweis der Konservirungsmittel nach S. 22. Soll der Salpetergehalt der Substanz quantitativ bestimmt werden, so werden 50 g der möglichst entfetteten Substanz so lange mit Wasser ausgekocht, bis dieses keine Diphenylaminreaktion mehr giebt. Die Auszüge werden auf ein bestimmtes Volumen aufgefüllt und in einem aliquoten Theil wird die Salpetersäure nach einem der S. 4 erwähnten Verfahren bestimmt. Wenn die Salpetersäure durch Ueberführen in Ammoniak bestimmt wird, so ist auf etwa vorhandene andere bei der Destillation mit Natronlauge Ammoniak liefernde Stickstoffverbindungen Rücksicht zu nehmen.

c) Nachweis von schwefligsauren Salzen.

Die schweflige Säure wird in einer hinreichend grossen Menge Fleisch nach S. 23 bestimmt. Ein Zusatz von schwefligsauren Salzen gilt nach B. Fischer als erwiesen, wenn die so gefundene schweflige Säuremenge mehr als 0,1 % beträgt.

d) Nachweis von Formaldehyd. Vergl. S. 24.

7. Nachweis fremder Farbstoffe.

Fleisch und Fleischwaaren werden zuweilen, um missfarbigen Waaren ein besseres Aussehen zu geben oder um die Farbe haltbarer zu machen, mit fremden Farbstoffen, namentlich Karmin (Kochenillefarbstoff) und Theerfarbstoffen (Fuchsin, Azofarbstoffen) gefärbt.

Handelt es sich um Theerfarbstoffe oder Karmin, so kann man sich der folgenden Methoden bedienen.

a) **Nachweis und Bestimmung des Fuchsins nach H. Fleck**[21]).
Das zu untersuchende Fleisch wird hinreichend zerkleinert und so lange mit Amylalkohol digerirt, als letzterer noch gefärbt abläuft. Die filtrirten Auszüge werden auf $1/_{10}$ ihres Volumens abdestillirt, der Destillationsrückstand im Wasserbade zur Verflüchtigung des Amylalkohols eingedampft und der gewöhnlich fettige Rückstand in Petroläther gelöst. Die erhaltene rothbraune Lösung wird mit absolutem Alkohol unter Zusatz einiger Tropfen verdünnter Schwefelsäure (1 : 4) geschüttelt. Hierbei schichtet sich der Petroläther mit dem Fett über die alkoholische Fuchsinlösung. Letztere wird so oft (4—5 mal) mit Petroläther ausgeschüttelt, bis dieser keinen Rückstand von gelöstem Fett mehr hinterlässt, sodann im Scheidetrichter vorsichtig abgezogen und mit überschüssiger Ammoniaklösung versetzt. Das sich abscheidende Ammonsulfat wird durch Filtration der Flüssigkeit entfernt, und das entfärbte oder schwach gelblich gefärbte Filtrat in einer tarirten Platin- oder Glasschale zur Trockene verdunstet. H. Fleck giebt an, dass so 80—85 % des zur Färbung angewendeten Materials gewonnen werden.

b) **Nachweis von Theerfarbstoffen überhaupt.** Man extrahirt die zerkleinerte Substanz mit Aethyl- oder Amylalkohol. Ist die Lösung deutlich roth gefärbt, so ist ein Farbstoff verwendet worden. Die filtrirte Lösung versetzt man mit 10 ccm einer 10 %igen Kaliumbisulfatlösung und kocht längere Zeit einen Wollfaden darin; färbt sich dieser roth, so ist die Anwesenheit eines **Theerfarbstoffes** erwiesen.

c) **Karmin**, welches am häufigsten Verwendung findet, kann dem Fleisch durch Ammoniak entzogen und durch Alaunlösung gefällt werden[22]).

8. Die Beurtheilung von Fleisch und Fleischwaaren
auf Zulässigkeit für den menschlichen Genuss und Gesundheitsschädlichkeit ist in erster Linie Sache des Arztes bezw. Thierarztes.

Litteratur.

Schmidt-Mülheim, Handbuch der Fleischkunde. Leipzig 1884.
Derselbe, Der Verkehr mit Fleisch etc. Berlin 1887.
Falk, C. Ph., Das Fleisch. Marburg 1880.
Ostertag, Fleischbeschau.

---

[21]) Korrespondenzblatt d. Ver. analyt. Chemiker 3, S. 77.

[22]) H. Bremer (Forschungsberichte über Lebensmittel etc., 1897, S. 45) findet, dass sich das Karmin nicht immer durch Alkohol oder Amylalkohol oder Alkohol und Glycerin ausziehen lässt; wohl aber gelingt die Lösung durch eine schwach angesäuerte Mischung von gleichen Theilen Glycerin und Wasser; die gelbe Lösung wird auf Zusatz von Ammoniak wieder carmoisinroth und lässt sich das Karmin aus derselben nach vorherigem Zusatz von wenig Alaun mit Ammoniak als Lack niederschlagen.

Wurstwaaren.

Referent des Ausschusses: **Dr. König.**
Verfasser: **Dr. A. Hasterlik.**

Herstellung, Arten und Zusammensetzung der Würste.

Wurstwaaren sind konservirte Fleischwaaren, zu deren Bereitung gehacktes Fleisch für sich, oder minderwerthiges und als solches schlecht verkäufliches Fleisch, z. B. Bauchmuskel, Hals u. s. w., endlich Blut und Eingeweide, d. h. Leber, Lunge, Herz, Niere, ferner Fett, Hirn, Zunge, sowie Knorpel und Sehnen der verschiedensten Schlachtthiere unter Zuhilfenahme von Salz, Gewürzen und Wasser, unter Umständen auch Milch und Eiern, verwendet werden.

Als weitere Zuthaten sind bei einzelnen Wurstarten Zwiebel, Knoblauch, Schnittlauch, Citronenschalen, Muskatnuss und Trüffel, sowie Sardellen gebräuchlich.

Die Aufbewahrung dieser Konserven geschieht in gereinigtem Darm[1]), Magen oder Blase vom Rind, Schwein, Schaf und Bock oder in Pergamentpapier.

Nach den Hauptbestandtheilen der Würste unterscheidet man:

1. Fleischwürste. Sie bestehen aus Schweine-, Kalb-, Schaf- oder Rindfleisch, in neuerer Zeit auch Pferdefleisch und Fett; hierher gehören Cervelat-, Block- oder Mett-, Lyoner-, Regensburger-, Frankfurter-, Gothaer-, Wiener-, Lindauerwurst, sowie Schinkenwurst, Knoblauchwurst, Bockwurst, Dünn- und Dickgeselchte und andere mehr.

2. Blutwürste; sie enthalten meist Schweineblut, auch Rinds- und Schafsblut, fettes Schweinefleisch und Speck, manchmal Sehnen und Knorpel. Hierher gehören die Blutwurst, auch Rothwurst genannt, Schwarzwurst, der Presssack oder Presskopf und der Schwartenmagen.

---

[1]) Man nennt den Dünndarm von Schaf und Bock Saitlinge; je nach der Bezugsquelle unterscheidet man Pariser oder französische Saitlinge, ferner russische und böhmische Saitlinge.

Der Dünndarm des Grossviehes wird als Scheide oder Scheiddarm bezeichnet, der Dickdarm des Grossviehes, sowie der vom Schwein und Schaf heisst Mitteldarm, der Sackdarm der Schlachtthiere Bodendarm.

3. Leberwürste; sie enthalten Leber, Milz, Sehnen, Knorpel und Fett.

4. Weisswürste; sie enthalten Kalbfleisch oder Kalbsgekröse neben Schweinefleisch.

5. Leberkäse. Hierunter versteht man eine nicht in Därme oder Membranen gefüllte Wurstmasse, deren Hauptbestandtheil rohe und fein gewiegte Rinds-, Schweine-, Schaf- oder Bockleber bildet. Er enthält oft Mehl, manchmal Eier.

In ihrer Zusammensetzung den Würsten gleich oder ähnlich sind die Fleischpasteten. Sie werden zum Zweck längerer Aufbewahrung nicht in Därme oder Membranen gefüllt, sondern in Metall- oder Porzellangefässen luftdicht verschlossen aufbewahrt. Für den alsbaldigen Genuss wird die Pastetenmasse in sogenannten Blätterteig (aus Mehl, Eier, Butter) eingefüllt. Zur Bereitung von Pasteten pflegt nur bestes Fleisch und Fett benutzt zu werden.

Die bekannte Strassburger Gänseleberpastete besteht aus zerkleinerter Gänseleber, Gänsefett, Trüffeln und Gewürz.

Die Fleischwürste werden entweder geräuchert, gekocht oder gebraten, die übrigen Arten sämmtlich im gekochten Zustande und zwar entweder frisch oder geräuchert oder nachträglich gebraten genossen.

Veränderungen der Wurst, welche durch fehlerhafte Aufbewahrung oder Darstellung bedingt sind.

Durch fehlerhafte Aufbewahrung, namentlich in feuchten Räumen, werden Würste an ihrer Oberfläche schmierig und im Innern weich. Das Fleisch verliert seine rothe frische Farbe, wird grau und fahl, das Fett grünlich und öfters ranzig, der Geschmack der Wurst sauer. Diese Missstände können auch bei mangelhafter Räucherung eintreten.

Locker gefüllte Würste d. h. Würste mit mangelhaftem „Schluss" enthalten Höhlungen, in welchen beim Eintrocknen der Wurst Gelegenheit zur Schimmelbildung gegeben ist.

Das Grünwerden der Würste rührt von mangelhaft gereinigten Därmen oder von mangelhafter Räucherung her; es hat seine Ursache in der Schimmelbildung an der Innenseite des Wurstdarmes.

Zum menschlichen Genuss sind ferner ungeeignet: Würste, die in Folge mangelhafter Aufbewahrung von Thieren (Katzen, Mäusen etc.) angefressen wurden, und solche, welche mit Fliegenmaden durchsetzt sind.

Gesichtspunkte für die Untersuchung der Wurstwaaren.

Für die Untersuchung und Beurtheilung der Wurstwaaren kommen abgesehen von der Untersuchung auf Nährwerth hauptsächlich folgende Punkte in Betracht:

1. Der Nachweis von verdorbener Wurst, wozu auch die vorhin

angegebenen Veränderungen gehören, und ferner der Nachweis von mit Parasiten behaftetem Fleisch in der Wurst;

2. der Nachweis von Pferdefleisch in der Wurst;

3. der Nachweis eines übermässig hohen Wassergehaltes;

4. Zusatz von Stärke in Form von Weizen-, Roggen- oder Kartoffel-Stärke bezw. -Mehl, ferner von Semmel, Brod, Gries, Graupen und dergl.;

5. der Zusatz fremder Farbstoffe: Karmin (Cochenille), Theerfarbstoffe (Fuchsin, Azofarbstoffe) zu Fleischwürsten;

6. der Zusatz von Konservirungsmitteln: Borax, Borsäure, Salpeter, schwefligsauren Salzen (Calciumbisulfit), Salicylsäure etc.;

7. der Nachweis von Metallen, welche von den Betriebsgeräthschaften stammen: Blei, Zinn, Kupfer und Zink.

Die unter 1· genannten Nachweise sind vorwiegend Sache der polizeilichen Marktkontrolle bezw. des Thierarztes oder Fleischbeschauers (Nachweis von Trichinen, Finnen etc.).

Ueber den unter 2 genannten Nachweis von Pferdefleisch gilt im Allgemeinen das im Kapitel Fleisch S. 28 No. 2 und S. 31 ff. Gesagte, doch ist der Nachweis desselben in der Wurst mit noch grösseren Schwierigkeiten verbunden, als beim reinen Fleisch, bei Gegenwart von Stärke etc. in der Wurst überhaupt bis jetzt unmöglich.

Die unter 3—7 genannten Zusätze der Wurst nachzuweisen, ist natürlich einzig und allein die chemische Analyse im Stande. Ueber den Nachweis von Ptomaïnen gilt gleichfalls das im Kapitel Fleisch (S. 28) Gesagte.

Chemische Untersuchungsmethoden für Wurstwaaren.

Die Vorbereitung der Substanz für die Analyse, sowie die Untersuchungsmethoden für Wurstwaaren sind genau dieselben wie die oben S. 30 bis 37 für Fleischwaaren beschriebenen, nur ist hier noch hinzuzufügen der **Nachweis der Stärke in den Wurstwaaren.**

I. Qualitativer Nachweis.

a) Den qualitativen Nachweis eines Stärkezusatzes zur Wurst führt man durch Betupfen einer frischen Schnittfläche der Wurst oder durch Vermischen der wässerigen erkalteten Abkochung derselben mit Jodjodkaliumlösung. Ein Mehl- bezw. Stärkezusatz ist erwiesen, wenn die fettfreie Masse oder die wässerige Abkochung nach Zusatz der Jodlösung eine deutliche schwarzblaue oder blaue Färbung zeigt. Eine schwache Stärkereaktion, d. h. das Auftreten einzelner, kleiner schwarzblauer Pünktchen in der fettfreien Wurstmasse bezw. schwache Bläuung der wässerigen Abkochung, kann auch durch die Gewürzstärke hervorgerufen sein.

b) Mikroskopischer Nachweis. Man zerreibt einen fettfreien Theil der Wurstmasse mit Wasser, und betrachtet einen kleinen Theil dieses Breies unter dem Mikroskop; befeuchtet man die Probe mit Jod-jodkaliumlösung, so tritt die Blaufärbung der Stärkekörner hervor. Das mikroskopische Bild ermöglicht unter Umständen auch die Bestimmung der verwendeten Stärkeart oder Gattung.

2. Quantitative Bestimmung.

a) 20—40 g der hinreichend zerkleinerten und gemischten Wurst-masse werden zur Entfernung des Wassers mit Alkohol einige Zeit dige-rirt, abfiltrirt, mit Alkohol etwas ausgewaschen und darauf im Soxhlet-schen Extraktionsapparat mit Aether vom Fett befreit. Nach dem Verdunsten des Aethers rührt man die Masse, welche sich leicht quantitativ von dem dieselbe umhüllenden Filtrirpapier trennen lässt, mit Wasser an, und bringt die Stärke alsdann durch Erhitzen im Dampftopf (S. 14 und 15 b. der allgemeinen Untersuchungsmethoden) oder durch Behandeln mit Diastase (S. 15 c. ebenda) in Lösung. In beiden Fällen füllt man die Lösung auf ein bestimmtes Volumen (etwa 200 ccm) auf und invertirt davon 100 ccm in einem 250 oder 500 ccm-Kolben mit 10 ccm Salzsäure (spec. Gew. 1,125) durch 3 stündiges Erhitzen im kochenden Wasserbade. Nach dem Er-kalten und Neutralisiren versetzt man die Lösung mit einigen ccm Blei-essig (bis kein Niederschlag mehr entsteht), fällt den Ueberschuss des zuge-setzten Bleies durch eine gesättigte Natriumsulfatlösung aus und füllt den Kolbeninhalt zu 250 bezw. 500 ccm auf. Nach dem Absetzen filtrirt man die Flüssigkeit durch ein trockenes Filter und verfährt zur Bestimmung der gebildeten Dextrose nach S. 6. Von der gefundenen Stärkemenge sind 0,5% für etwa vorhandene Gewürzstärke in Abzug zu bringen[2]), deren Menge jedoch im Allgemeinen nur 0,1—0,2% beträgt.

b) Einfacher und nicht minder genau ist das Verfahren von J. Mayr-hofer[3]), welches auf der Unlöslichkeit der Stärke in alkoholischer Kali-lauge beruht, durch welche Zucker, Eiweiss, Fett etc. gelöst werden:

10—20 g Wurst (je nachdem die Jodreaktion grössere oder kleinere Stärkemengen anzeigt) werden in dünnen Schnitten in einem Becherglas oder einer tiefen Porzellanschale (Porzellankasserole mit Stiel) mit 50 ccm 8%iger alkoholischer Kalilauge übergossen, das Gefäss mit einem Uhrglas ·bedeckt und auf ein kochendes Wasserbad gesetzt. Nach kurzer Zeit ist die Wurstmasse aufgelöst (der Auflösung kann durch Zerdrücken der Schnitten mit einem Glasstab nachgeholfen werden); man verdünnt sodann mit heissem 50%igem Alkohol, lässt absitzen und filtrirt (Asbeströhrchen sind Papierfiltern vorzuziehen), wäscht noch zweimal mit heisser alkoholischer Kalilauge und schliesslich mit Alkohol nach, bis das Filtrat auf Zusatz

---

[2]) Hat man die Stärke durch Malzauszug gelöst, so ist auch der Reduktions-werth der zugesetzten Menge Malzauszug, berechnet auf Stärke, in Abzug zu bringen.

[3]) Forschungsberichte über Lebensmittel etc. 1896 III, S. 141. 1897 IV, S. 47 u. 48.

von Säure vollkommen klar bleibt und nicht mehr alkalisch reagirt. Nunmehr giebt man das Filter in das ursprüngliche Gefäss zurück und erwärmt mit etwa 60 ccm wässeriger Normalkalilauge auf dem Wasserbade eine halbe Stunde lang unter öfterem Umschütteln. Bei sehr mehlreichen Würsten, die aber selten vorkommen, wendet man etwas stärkere Lauge an, um eine vollkommene Lösung zu erzielen. Nach dem Erkalten säuert man mit Essigsäure an und bringt zweckmässig das Volumen der Flüssigkeit auf 100 ccm, wobei man den durch das Filter veranlassten Fehler vernachlässigt; man filtrirt und fällt in einem aliquoten Theil der Lösung die Stärke mit Alkohol aus. Der Niederschlag wird auf gewogenem Filter gesammelt, mit 50%igem Alkohol so lange gewaschen, bis das Filtrat beim Verdampfen auf einem Uhrgläschen einen Rückstand nicht mehr hinterlässt; sodann verdrängt man den verdünnten Alkohol mit absolutem, diesen endlich mit Aether und trocknet bei 100° bis zur Gewichtskonstanz.

Die Ausfällung der Stärke ist vollkommen, wenn zur wässerigen Lösung derselben eine gleiche Menge Alkohol von 95 Gew.-Proc. zugesetzt wird, sodass die Mischung etwa 50% Alkohol enthält.

Anhaltspunkte für die Beurtheilung der Wurstwaaren.

Für die Beurtheilung der Wurstwaaren ist es vorbehaltlich örtlicher Gebräuche und polizeilicher Vorschriften wünschenswerth, folgende Grundsätze gelten zu lassen:

1. Zur Herstellung von Würsten soll nur frisches Fleisch, welches von gesunden Thieren stammt, verwendet werden. Zur Aufnahme der Wurstmasse dürfen nur gut gereinigte, geruchfreie Därme gesunder Thiere bezw. bleifreie Pergamentschläuche verwendet werden.

2. Der Wassergehalt soll bei Dauerwürsten 60%, bei solchen, welche für den augenblicklichen Konsum bestimmt sind, 70% nicht übersteigen.

3. Fremde Farbstoffe bei der Wurstbereitung zu verwenden, ist unstatthaft.

4. Der Zusatz von Konservirungsmitteln, ausgenommen Kochsalz und eine geringe Menge Salpeter, zu Wurstwaaren (also Borax, Borsäure, Salicylsäure, schwefligsaure Salze etc.) ist unstatthaft. Wünschenswerth ist die Feststellung einer Grenze für den zulässigen Salpetergehalt.

5. Für die Zulässigkeit eines Zusatzes von Stärkemehl (in irgend einer Form) ist die ortsübliche Bereitungsweise maassgebend. Wo ein solcher Zusatz ortsüblich ist, ist er in der Höhe von 2% zu dulden; er sollte aber zur Kenntniss des Publikums gebracht werden.

6. Weiche und schmierige Würste mit grünlich oder gelblich gefärbten Fetttheilchen, ferner ranzig oder faulig riechende Würste sind als verdächtig und als unzulässig für die menschliche Ernährung zu bezeichnen.

Vorschriften für die Probenahme.

Für die Untersuchung sind 200—300 g Wurst erforderlich. Die Entnahme der Probe geschieht aus der Mitte der Würste. Die Untersuchungsobjekte sind in Pergamentpapier verpackt möglichst schleunig der Untersuchungsstelle einzusenden.

Litteratur.

Die allgemeine Litteratur ist dieselbe, wie beim Kapitel Fleisch und Fleischwaaren.

Fleischextrakt und Fleischpepton.

Referent des Ausschusses: **Dr. König.**
Verfasser: **Dr. Stutzer** und **Dr. Bömer.**

———

Unter Fleischextrakt versteht man eingedickte Fleischbrühe; er enthält die in Wasser löslichen Bestandtheile des Fleisches und wird hergestellt, indem man frisches, mageres, von Fett und Sehnen thunlichst befreites und zerhacktes Fleisch entweder mit kaltem Wasser auszieht und die Lösung behufs Ausscheidung des Eiweisses auf 75—80° erwärmt, oder indem man das wie oben vorbereitete Fleisch direkt mit heissem Wasser auszieht, filtrirt und die Lösung im Vakuum bis zur Syrupdicke eindampft.

Fleischpepton dagegen ist löslich gemachtes ganzes Fleisch. Die Löslichmachung wird entweder durch Fermente (Pepsin, Pankreatin, Papayotin) oder wie meistens durch Wasser unter Druck für sich allein oder unter Zusatz von sehr verdünnten Säuren oder Alkalien (sog. Fleischlösungen) bewirkt. Die von ungelöst gebliebener Substanz befreiten, neutralisirten und eingedickten Lösungen stellen die sog. Fleischpeptone des Handels dar. Je nach der Herstellung unterscheidet man hiernach Pepsin-, Pankreas-, Papayotin-Peptone und Fleischlösungen.

Ausser dem Muskelfleisch werden auch andere thierische Eiweissstoffe (Kaseïn, Eiereiweiss etc.) und neuerdings auch pflanzliche Eiweissstoffe (Weizenkleber) in Peptone übergeführt.

Fleischextrakte und Peptone kommen sowohl im flüssigen, wie im festen Zustande in den Handel.

Chemische Bestandtheile

a) des Fleischextraktes.

Die wichtigsten chemischen Bestandtheile des Fleischextraktes sind ausser dem Wasser

α) die stickstoffhaltigen Substanzen und zwar vorwiegend die Fleischbasen Kreatin, Kreatinin, Xanthin etc., neben denen sich mehr oder minder grosse Mengen von löslichen Eiweisskörpern (Albumosen) und geringe Mengen von Ammoniak-Verbindungen finden.

β) An stickstofffreien Extraktstoffen finden sich vorwiegend Milchsäure und Glykogen.

γ) Die Mineralstoffe bestehen vorwiegend aus den Phosphaten und Chloriden der Alkalien.

Fett enthalten die Fleischextrakte nicht oder nur in Spuren.

Ueber die Zusammensetzung der Fleischextrakte lassen sich bestimmte Zahlenangaben nicht machen.

b) der Fleischpeptone.

Die Fleischpeptone schwanken, auch abgesehen von ihrem Wassergehalt, weit mehr in ihrer Zusammensetzung als die Fleischextrakte, daher ist es unthunlich, hier die Zusammensetzung in Zahlen anzuführen. Ihre wesentlichsten Bestandtheile sind die löslichen Eiweissstoffe, die Albumosen und Peptone.

In der Zusammensetzung den Fleischextrakten ähnlich, und deshalb hier angeschlossen, sind die sogenannten Suppenwürzen, Bouillontafeln und viele der käuflichen Saucen, z. B. Japanische Soya etc. Sie bestehen vorwiegend aus Pflanzen- und Gewürzextrakten, enthalten aber vielfach Fleischextrakt und fast ausnahmslos grosse Mengen von Kochsalz. Letzteres wird auch vielfach den reinen Fleischextrakten zugesetzt.

Verfälschungen.

Wirkliche Fälschungen von Fleischextrakt und Fleischpepton dürften bis jetzt kaum vorgekommen sein. Dagegen existiren im Handel viele minderwerthige Produkte, welche grosse Mengen von Wasser enthalten, das häufig durch Zugabe von Leim in eine mehr oder weniger feste Form übergeführt ist. Ferner ist der Kochsalzgehalt bisweilen sehr hoch, auch wird ab und zu gemahlenes Fleisch hinzugesetzt, welches kein Bestandtheil eines reinen Fleischextraktes sein sollte.

Gesichtspunkte für die chemische Untersuchung.

Die chemische Untersuchung hat sich namentlich auf die Menge des Stickstoffes in den verschiedenen Verbindungsformen zu erstrecken, sowie auf den Gehalt an Wasser, organischen Stoffen und Mineralstoffen und bei letzteren namentlich auf den Gehalt an Kochsalz.

Bei den Suppenwürzen, käuflichen Saucen u. dergl. ist vielfach auch noch die Bestimmung von Zucker, Dextrin und Fett erforderlich.

Ausführung der chemischen Untersuchungsmethoden.

Für die Analyse der Fleischextrakte und -Peptone empfiehlt es sich, falls die Präparate nur geringe Mengen von in kaltem Wasser unlöslichen Bestandtheilen enthalten, von festen und syrupösen Präparaten 10—20 g, von flüssigen entsprechend mehr (25—50 g) in kaltem Wasser zu lösen, darauf durch ein Filter aus schwedischem Filtrirpapier zu filtriren und das Filtrat auf 500 ccm aufzufüllen.

Von diesem klaren Filtrate dienen entsprechende aliquote Theile zur Bestimmung der einzelnen Bestandtheile. Nur für die Bestimmung des Gesammt-Stickstoffes, sowie der Mineralstoffe verwendet man bei festen und syrupösen Präparaten vortheilhaft auch vielfach die unveränderte Substanz; ebenso muss man die letztere verwenden zur Bestimmung des Wassers und Stickstoffs, falls ein Theil der Substanz in kaltem Wasser unlöslich ist.

I. Bestimmung des Wassers.

Man trocknet in einer mit Sand etc. beschickten Platinschale einen aliquoten Theil der obigen Lösung oder, falls ein Theil der Substanz in kaltem Wasser unlöslich ist, so viel von der ursprünglichen Substanz, die man direkt in die Schale gewogen und in warmem Wasser zur Vertheilung gelöst hat, ein, als 1—2 g Trockensubstanz entspricht, und verfährt im Uebrigen nach S. 2 der allgem. Unters.-Methoden. Vergl. auch unten S. 50.

2. Bestimmung des Gesammtstickstoffes und der einzelnen Verbindungsformen desselben.

a) Bestimmung des Gesammtstickstoffes.

In einem aliquoten Theile der Lösung oder in so viel der ursprünglichen Substanz, als höchstens 1 g Trockensubstanz entspricht, wird der Gesammtstickstoff nach Kjeldahl bestimmt.

Bei ungleichmässigen Gemischen verfährt man zur Erzielung einer besseren Durchschnittsprobe nach S. 3. Anm.

b) Stickstoff in Form von Fleischmehl oder unveränderten Eiweissstoffen und koagulirbarem Eiweiss (Albumin).

Enthalten die Fleischpräparate in kaltem Wasser unlösliche Substanzen (Fleischmehl etc.), so löst man, wie oben angegeben, bei festen oder syrupösen Präparaten 10—20 g in kaltem Wasser oder verdünnt bei flüssigen Präparaten 25—50 g mit etwa 100—200 ccm, unter Umständen auch mehr kaltem Wasser und filtrirt nach dem Absetzen des Unlöslichen durch ein Filter von bekanntem Stickstoffgehalt, wäscht mit kaltem Wasser hinreichend nach und verbrennt das Filter mit Inhalt nach Kjeldahl. Die so gefundene Stickstoffmenge, von welcher die Stickstoffmenge des Filters in Abzug zu bringen ist, mit 6,25 multiplicirt, ergiebt die Menge der vorhandenen unlöslichen Eiweissstoffe, bezw. des Fleischmehles. Das etwaige Vorhandensein des letzteren ist durch mikroskopische Untersuchung nachzuweisen.

Das Filtrat, oder wenn die Substanz in kaltem Wasser vollständig löslich ist, die wässerige Lösung der Substanz wird mit Essigsäure schwach angesäuert und gekocht. Scheidet sich hierbei koagulirbares Eiweiss (Albumin) in Flocken ab, so wird dasselbe ebenfalls durch ein Filter von bekanntem Stickstoffgehalt abfiltrirt, mit heissem Wasser gewaschen und nach Kjeldahl verbrannt; die gefundene Stickstoffmenge abzüglich des Filterstickstoffs mit 6,25 multiplicirt, ergiebt die Menge des vorhandenen koagulirbaren Eiweisses (Albumin). Das Filtrat wird auf 500 ccm aufgefüllt.

Wenn die Fleischpräparate nur geringe Mengen unlösliches und gerinnbares Eiweiss enthalten, so ist eine Trennung derselben nicht erforderlich.

c) Bestimmung des Albumosen-Stickstoffes.

Zur Bestimmung der Albumosen (einschliesslich des Leimes) verwendet man 50 ccm der obigen klaren Lösung des Präparates, bezw. des auf 500 ccm aufgefüllten Filtrates der Albumin- etc. Fällung.

Die 50 ccm dieser Lösung werden nach A. Bömer[1]) mit Schwefelsäure schwach angesäuert (um das Ausfallen von unlöslichen Zinksalzen wie Phosphat etc. zu verhindern) und darauf mit fein gepulvertem Zinksulfat in der Kälte gesättigt. Nachdem sich die ausgeschiedenen Albumosen (an der Oberfläche der Flüssigkeit) abgesetzt haben und am Boden des Glases noch geringe Mengen ungelösten Zinksulfates vorhanden sind, werden die Albumosen abfiltrirt, mit kaltgesättigter Zinksulfatlösung hinreichend nachgewaschen und nach Kjeldahl verbrannt. Durch Multiplikation der gefundenen Stickstoffmenge abzüglich des Filterstickstoffs mit 6,25 erhält man die derselben entsprechenden Albumosen. Da Fleischextrakte und Peptone in der Regel nur wenig Ammoniakstickstoff zu enthalten pflegen und bei Gegenwart geringer Mengen von Ammoniaksalzen in einer mit Zinksulfat gesättigten Lösung kein unlösliches Doppelsalz von Ammonsulfat mit Zinksulfat sich abscheidet, so kann von einer Bestimmung des Ammoniakstickstoffes in der Zinksulfatfällung bei der Bestimmung der Albumosen abgesehen werden.

Sind dagegen nennenswerthe Mengen Ammoniak in den Präparaten, so werden weitere 50 ccm der obigen Lösung in derselben Weise mit Zinksulfat gefällt, in dem Niederschlage nach *e*) der Ammoniak-Stickstoff bestimmt und letzterer von dem Gesammt-Stickstoff des Zinksulfat-Niederschlages abgezogen.

d) Bestimmung des Pepton- und Fleischbasen-Stickstoffes.

Enthalten die zu untersuchenden Fleischpräparate neben Peptonen auch noch Fleischbasen, so ist eine Trennung derselben bis jetzt unmöglich; wenn dagegen durch qualitative Reaktionen die Abwesenheit von Pepton nachgewiesen ist, oder die Peptone frei von Fleischbasen und anderen Alkaloïden sind, so geschieht die Fällung und Bestimmung der Peptone oder Fleischbasen am Besten durch Phosphorwolfram- oder Phosphormolybdänsäure.

Für den qualitativen Nachweis von Pepton empfiehlt sich

---

[1]) Zeitschr. f. anal. Chemie 1895, *34*, S. 562.

die Biuret-Reaktion nach dem von R. Neumeister[2]) empfohlenen Verfahren.

Man verwendet hierzu zweckmässig das Filtrat der Zinksulfatfällung oder sättigt einen neuen Antheil der wässerigen Lösung mit Zinksulfat, wie oben angegeben ist. Darauf wird filtrirt, das Filtrat mit so viel koncentrirter Natronlauge vermischt, bis das anfänglich sich ausscheidende Zinkhydroxyd sich wieder vollständig gelöst hat, und zu der klaren Lösung einige Tropfen einer 1%igen Lösung von Kupfersulfat hinzugefügt. Eine rothviolette Färbung zeigt Pepton an.

Hierzu ist zu bemerken, dass bei dunkelgefärbten Präparaten (Liebig's Fleischextrakt) wegen der erforderlichen starken Verdünnung sich geringe Mengen von Pepton dem Nachweise entziehen.

Für den qualitativen Nachweis von Fleischbasen neben Pepton versetzt man einen neuen Antheil der wässerigen filtrirten Lösung mit überschüssigem Ammoniak bis zur deutlichen alkalischen Reaktion, filtrirt von etwa entstehendem Niederschlage (Phosphate) ab, und fügt zu dem Filtrat eine Lösung von salpetersaurem Silber (etwa 2,5 g Silbernitrat in 100 ccm Wasser) hinzu. Der entstehende Niederschlag enthält die Silberverbindung der Xanthinbasen und beweist die Anwesenheit von Fleischbasen[3]).

Die quantitative Fällung der Peptone, sowie der Fleischbasen geschieht in folgender Weise:

Das Filtrat der Zinksulfatfällung wird stark mit Schwefelsäure angesäuert und mit der üblichen Lösung des phosphorwolframsauren Natriums[4]), zu der man auf 3 Raumtheile 1 Raumtheil verdünnte Schwefelsäure (1:3) hinzusetzt, so lange versetzt, als noch ein Niederschlag entsteht; der Niederschlag wird durch ein Filter von bekanntem Stickstoffgehalt filtrirt, mit verdünnter Schwefelsäure (1:3) ausgewaschen, sammt Filter noch feucht in einen Kolben gegeben und darin der Stickstoffgehalt nach Kjeldahl ermittelt. Durch Multiplikation des gefundenen Stickstoffgehaltes mit 6,25 erhält man die Menge des vorhandenen Peptones.

Bei Gegenwart von Fleischbasen neben Pepton oder von Fleischbasen allein ist eine Berechnung des Gehaltes von Pepton + Fleischbasen bezw. der Fleischbasen allein wegen des hohen Stickstoffgehaltes der letzteren durch Multiplikation des Stickstoffs mit 6,25 nicht angängig. Es

---

[2]) Zeitschr. f. Biologie 1890 (N. F.) Bd. *8*, S. 324.

[3]) Eigentlich nur die Anwesenheit von Hypoxanthin und Xanthin; weil diese aber in allen Fleischsorten und Fleischerzeugnissen in geringerer Menge vorkommen als Kreatin und Kreatinin etc., mindestens letztere stets begleiten, so kann aus dem erhaltenen Niederschlage auch auf die Anwesenheit der anderen Fleischbasen geschlossen werden.

[4]) 120 g phosphorsaures Natrium und 200 g wolframsaures Natrium werden in 1 l Wasser gelöst.

empfiehlt sich in solchen Fällen nur die Angabe der „in Form von Pepton-
+ Fleischbasen und evt. von Ammoniak vorhandenen Stickstoffmenge".

Statt Fleischbasen und Pepton im Filtrat der Zinksulfatfällung zu
bestimmen, kann man diese auch zusammen mit den Albumosen in der
ursprünglichen wässerigen Lösung in der angeführten Weise mit Phosphorwolframsäure fällen; in diesem Falle ist der durch Zinksulfat fällbare
Stickstoff von der gefundenen Stickstoffmenge in Abzug zu bringen und
der Rest als Pepton- + Fleischbasenstickstoff zu bezeichnen.

Die Fleischbasen werden zum Theil durch Phosphorwolframsäure
erst allmählich gefällt; es empfiehlt sich daher bei der Fällung, etwa in
Fleischextrakten, dieselben einige Tage stehen zu lassen.

Da durch Phosphorwolframsäure auch der Ammoniakstickstoff gefällt
wird, so ist bei der Berechnung des Pepton- + Fleischbasenstickstoffes der
nach *e*) gefundene Ammoniakstickstoff von der durch Phosphorwolframsäure
gefällten Stickstoffmenge in Abzug zu bringen.

Empfehlenswerther jedoch ist es, in einer zweiten Phosphorwolfram-
säure-Fällung den Ammoniakstickstoff durch Destillation mit Magnesia
nach *e*) zu bestimmen und in Abzug zu bringen.

e) Bestimmung des Ammoniak-Stickstoffes.

Manche Fleischextrakte liefern bei der Destillation mit Magnesia oder
mit Baryumcarbonat nicht unbedeutende Mengen Ammoniak. Ob dasselbe
als Ammoniaksalz fertig gebildet vorhanden ist oder aus anderen organischen Verbindungen erst bei der Destillation abgespalten wird, muss vorläufig dahingestellt bleiben. Man verfährt wie folgt: 100 ccm der Fleisch-
extrakt-Lösung werden mit etwa 100 ccm Wasser verdünnt und aus
dieser Lösung das Ammoniak durch Magnesia oder Baryumkarbonat abdestillirt.

f) Aus der Differenz zwischen dem Gesammt-Stickstoff und der
Summe der unter *b*) bis *e*) bestimmten Stickstoffmengen ergiebt sich der
Gehalt des Präparates an „sonstigen Stickstoffverbindungen".

g) Bestimmung des Leimstickstoffes.

Enthält das zu untersuchende Präparat Leim, so findet man denselben
nach den vorstehenden Methoden als Albumosen.

Eine Trennung des Leimes von den Albumosen, oder des Leimpep-
tons von den Eiweisspeptonen ist mit einiger Genauigkeit nicht möglich.
A. Stutzer[5]) hat für den Zweck ein Verfahren angegeben, auf welches
jedoch nur verwiesen werden soll.

3. Bestimmung des Fettes.

Dieselbe geschieht in der mit Sand eingetrockneten, wasserfreien,
zerriebenen Masse. Bei Fleischextrakten, welche sich klar im Wasser
lösen, ist kein Fett vorhanden und deshalb eine Bestimmung desselben
nicht erforderlich. Der bei diesen nach dem Extrahiren der wasserfreien

---

[5]) Zeitschr. f. anal. Chem., 1895, *34*. 568.

Masse mit Aether erhaltene Extrakt besteht aus sonstigen ätherlöslichen Verbindungen (vielleicht zum Theil aus Fleischbasen). Enthalten die Fleischextrakte jedoch Fett, so bestimmt man dasselbe durch Extrahiren des nach 2 b) S. 46 erhaltenen, getrockneten Niederschlages mit Aether und Verdunsten der ätherischen Lösung in einem gewogenen Kölbchen.

4. Bestimmung von Zucker und Dextrin in den Suppenwürzen.

Diese erfolgt in der wässrigen Lösung nach S. 6 u. 7 der allgem. Unters.-Methoden.

5. Bestimmung der Mineralstoffe.

Zur Ermittelung der Asche verfährt man nach S. 17.

6. Bestimmung des Alkoholextraktes.

J. v. Liebig verwendet für die Beurtheilung des Fleischextraktes die Bestimmung des Alkoholextraktes und verfährt in folgender Weise:

2 g Extrakt werden in einem Becherglase abgewogen, in 90 ccm Wasser gelöst und darauf mit 50 ccm Weingeist von 93 Volumprocent versetzt. Der sich bildende Niederschlag setzt sich fest ans Glas an und kann der klare Weingeist in eine vorher gewogene Schale abgegossen werden. Der Niederschlag wird mit 50 ccm Weingeist von 80 Volumprocent ausgewaschen, der Weingeist zu dem ersten Auszuge gegeben, die gesammte Lösung im Wasserbade bei etwa 70° abgedampft und der Rückstand 6 Stunden lang bei 100° getrocknet.

Hierzu bemerkt H. Röttger[6]), dass zur völligen Extraktion einerseits ein einmaliges Auswaschen mit 50 ccm Alkohol, andererseits auch ein 6 stündiges Trocknen nicht genügen, um alles Wasser zu entfernen. Man soll öfters, mindestens dreimal, mit Weingeist von 80 Volumprocent nachwaschen und bis zur Gewichtskonstanz trocknen, welche häufig erst durch 35—40 stündiges Trocknen bei 100° eintritt.

Anhaltspunkte für die Beurtheilung von Fleischextrakten und Fleischpeptonen.

I. An Fleischextrakte (feste) stellte von Liebig folgende Anforderungen:

1. Sie sollen kein Albumin und Fett (letzteres = Aetherextrakt nur bis 1,5 %) enthalten.

2. Der Wassergehalt darf 21 % nicht übersteigen.

3. In Alkohol von 80 Volumprocent sollen ca. 60 % löslich sein.

4. Der Stickstoffgehalt soll 8,5—9,5 % betragen.

5. Der Aschengehalt soll zwischen 15 und 25 % liegen und neben geringen Mengen Kochsalz vorwiegend aus Phosphaten bestehen.

Nach neueren Untersuchungen — auch für flüssige Extrakte — dürften jetzt folgende Anforderungen wünschenswerth sein:

---

[6]) Bericht über die 8. Versammlung der freien Vereinigung bayr. Vertr. d. angew. Chemie in Würzburg 1889, S. 99.

1. Die Fleischextrakte dürfen keine oder nur Spuren unlöslicher (Fleischmehl etc.) oder koagulirbarer Eiweissstoffe (Albumin) oder Fett enthalten.

2. Von dem Gesammtstickstoff dürfen nur mässige Mengen in Form von durch Zinksulfat ausfällbaren löslichen Eiweissstoffen vorhanden sein.

3. Fleischextrakte dürfen nur geringe Mengen Ammoniak enthalten.

4. Fleischextrakte, welche in der Asche einen über 15% Chlor entsprechenden Kochsalzgehalt haben, sind als mit Kochsalz versetzt zu bezeichnen.

II. An Fleischpeptone sind folgende Anforderungen zu stellen:

1. Sie dürfen keine oder nur Spuren von unlöslichen und koagulirbaren Eiweissstoffen oder Fett enthalten.

2. Der Stickstoff derselben soll möglichst vollkommen durch Phosphorwolframsäure fällbar sein, d. h. es sollen möglichst geringe Mengen von stickstoffhaltigen Fleisch-Zersetzungsprodukten vorhanden sein, wobei für den Gehalt an Ammoniak dasselbe gilt, wie bei den Fleischextrakten.

Alle übrigen Fleischpräparate (Fleischsaft u. s. w.) fallen nicht unter die obigen Ausführungen.

4*

Eier.

Referent des Ausschusses: **Dr. König.**
Verfasser: **Dr. Kossel, Dr. Weigmann.**

Als Nahrungsmittel kommen Vogeleier und Fischeier (Rogen) in Betracht.

Gegenüber den Hühnereiern haben die Eier anderer Vögel (Gänse, Enten, Kibitze u. s. w.) nur eine untergeordnete Bedeutung. Von den Fischeiern kommen vorwiegend die Eier vom Stör und Hausen in gesalzenem Zustand als „Kaviar" in den Handel. Der Elbkaviar besteht aus kleineren Körnern und zeigt eine dunklere Farbe als der russische Kaviar.

Die wichtigsten Bestandtheile der Eier sind folgende:

1. Eiweissstoffe, hauptsächlich eine Gruppe phosphorhaltiger, mit dem Namen „Vitelline" bezeichneter Stoffe. Im Eiweiss des Vogeleis findet sich das „Eieralbumin".

2. Lecithine, zum Theil in Verbindung mit Eiweissstoffen, deshalb durch Aether nicht völlig extrahirbar. Durch warmen Alkohol wird diese Verbindung zerlegt.

3. Cholesterin.

4. Fette.

5. Salze.

6. Im Vogelei ein gelber, als „Luteïn" bezeichneter Farbstoff.

Der Dotter der unbebrüteten Hühnereier enthält nach Parke etwa 52,8 % feste Stoffe, darin 15,6 % Eiweiss, 10,7 % Lecithin, 22,8 % Fett, 1,7 % Cholesterin, 0,35 % lösliche Salze und 0,61 % unlösliche Salze.

Die Schale der Vogeleier besteht hauptsächlich aus Calciumcarbonat, darunter befindet sich eine eiweisshaltige Membran.

Das Gewicht eines Hühnereis schwankt zwischen 30 und 72 g.

Man konservirt die Eier, indem man sie in eine Masse einlegt, welche das Eindringen von Keimen aus der äusseren Luft verhindert, z. B. Kalkwasser, Fett, Gummi, Wasserglas u. s. w. Die Dotter der Hühnereier kommen in getrocknetem Zustand als Konserven in den Handel.

Bei der Beurtheilung der Hühnereier handelt es sich hauptsächlich um zwei Fragen:

1. Sind die Eier als frisch oder als verdorben zu bezeichnen?

Man kann den Zustand der uneröffneten Eier prüfen

nach der Durchsichtigkeit und nach dem specifischen Gewicht.

a) Frische Eier sind durchscheinend, bei verdorbenen oder bebrüteten Eiern zeigen sich oft undurchsichtige Stellen.

b) Bei längerem Aufbewahren der Eier nimmt in Folge der Wasserverdunstung der Luftraum im Innern des Eies zu. Daher pflegen die länger aufbewahrten Eier in einer Salzlösung (30 g Kochsalz in 500 ccm Wasser) zu schwimmen, frische Eier jedoch unterzusinken.

Eine sichere Erkennung von gefaulten Eiern ist jedoch auf diesem Wege nicht möglich.

Das specifische Gewicht frischer Eier beträgt 1,094 bis 1,078. Eier, deren specifisches Gewicht unter 1,015 gesunken ist, sind zu beanstanden.

2. Wie gross ist der Gehalt einer Waare (Eierkonserve) an Eidotter?

Da die Eier reicher an Lecithin sind, als die meisten thierischen oder pflanzlichen Nahrungsmittel, so kann die Menge der ätherlöslichen, organisch gebundenen Phosphorsäure bei der Beurtheilung von Eierkonserven Verwendung finden. Es ist aber zu berücksichtigen, dass die Veränderungen, welche das Lecithin beim längeren Aufbewahren lecithinhaltiger Produkte erleidet, noch nicht genügend untersucht sind.

Zur Bestimmung dieser ätherlöslichen organischen Phosphorsäure erwärmt man eine gewogene Menge der zu untersuchenden Waare mit 200 ccm 95 %igem Alkohol eine Stunde auf 50°, filtrirt den Alkohol ab und wiederholt dieses Verfahren drei Mal. Man verdunstet den Alkohol bei einer 60° nicht übersteigenden Temperatur, spült den Rückstand mit wenig Wasser in einen Kolben und zieht mit Aether aus. Dann destillirt man den Aetherextrakt aus einem für die Kjeldahl'sche Bestimmung geeigneten Kolben ab, und bestimmt in dem Rückstand die Phosphorsäure, indem man nach Weibull mit koncentrirter arsenfreier Schwefelsäure unter Zusatz von Kupfersulfat erwärmt.

Die gefundene Menge von pyrophosphorsaurem Magnesium multiplicirt mit 7,2703 oder die gefundene Menge Phosphorsäure multiplicirt mit 11,36 ergiebt die Menge Lecithin.

Die oben angeführten Analysenwerthe von Parke geben einen Anhalt für die Beurtheilung des Lecithingehalts von reinem Eidotter in den Konserven[1]).

Ueber die Bestimmung des Wassers, des Stickstoffs, des Fettes (Aetherextraktes) und der Mineralstoffe vergl. die allgemeinen Untersuchungsmethoden S. 1, 2, 4, bezw. S. 17.

Kaviar.

Ueber die Zusammensetzung des Kaviars vergl. J. König[2]), über die Beurtheilung der Beschaffenheit desselben, sowie über den Nachweis seiner Verfälschungen vergl. W. Niebel[3]).

---

[1]) Der Nachweis von Eiern bezw. Eigelb in Backwaaren soll unter Kapitel „Mehl und Backwaaren" behandelt werden.

[2]) J. König: Chem. d. menschl. Nahrungs- und Genussmittel. 3. Aufl. Bd. I, S. 217 und Bd. II, S. 128; vergl. auch L. Janke: Zeitschr. f. Nahrungsmittel-Untersuchung, Hygiene etc. Wien 1894, Bd. VIII, S. 40.

[3]) W. Niebel: Zeitschr. f. Fleisch- und Milch-Hygiene 1893. Heft I S. 5, im Auszuge in „Hygienische Rundschau" 1894, S. 372.

Milch und Molkereinebenabfälle.

Referent des Ausschusses: **Dr. König.**
Verfasser: **Dr. Fleischmann.**
Nächstbetheiligtes Mitglied: **Dr. Weigmann.**

I. Milch (Vollmilch, ganze Milch).

Vorbemerkungen.

Unter Milch im landläufigen Sinne des Wortes versteht man die in den Brustdrüsen der weiblichen Haussäugethiere nach einem Geburtsakte längere Zeit zur Ausscheidung kommende, durch regelmässiges, ununterbrochenes und vollständiges Ausmelken gewonnene, allbekannte und seit den ältesten Zeiten als Nahrungsmittel hochgeschätzte Flüssigkeit. Die ausgedehnteste Verwendung findet in den Kulturländern die Kuhmilch, weshalb hier unter dem Wort „Milch" schlechthin nur Kuhmilch verstanden wird.

Mit dem regelmässigen Melken beginnt man einige Tage nach dem Kalben, sobald sich das Kolostrum in Milch von den gewöhnlichen Eigenschaften verwandelt hat, und setzt es zwei- oder dreimal täglich fort, bis die Kuh trocken gestellt wird. Kolostrum und Milch von altmilchenden Kühen, die nicht mehr regelmässig zweimal täglich gemolken werden, bilden keinen Handelsartikel.

Die Milch hat den Charakter einer Emulsion und enthält als Hauptbestandtheile:

Wasser, Eiweissartige Stoffe (Käsestoff etc.), Milchfett, Milchzucker und Mineralstoffe.

Der Gehalt der Milch an diesen Bestandtheilen ist von verschiedenen Verhältnissen abhängig, und zwar kommen hier vorwiegend folgende Punkte in Betracht, die für die Milchkontrole von grosser Bedeutung sind:

1. Da bei jeder Melkzeit die zuerst ausgemolkenen Portionen der Milch einer jeden Kuh wesentlich anders zusammengesetzt sind, als die zuletzt ausgemolkenen, kann man einen bestimmten Begriff mit dem Worte „Milch" nur unter der Voraussetzung verbinden, dass man es mit dem ganzen, durch vollständiges Ausmelken des Euters gewonnenen,

wohl durchmischten Gemelke einer Kuh, oder mit dem Gemenge solcher Gemelke von mehreren Kühen zu thun hat. Jeder Milchkäufer setzt, ohne sich dessen klar bewusst zu werden, doch immer stillschweigend voraus, dass alle Kunden eines und desselben Verkäufers Milch von gleicher Beschaffenheit, und zwar bestimmte Theile eines wohl durchmischten Gemenges der ganzen Gemelke von Kühen erhalten.

2. In den verschiedenen Ställen wird täglich entweder nur zweimal, Morgens und Abends, oder auch noch Mittags, also dreimal gemolken, und man spricht daher von Morgen-, Mittag- und Abendmilch. Käme nur das Gemenge der zwei oder drei täglichen Melkzeiten, die Tagesmilch, zum Verkaufe, so würde die Beschaffenheit der Milch einer und derselben Kuhhaltung von dem einen zum anderen Tage nur einen ganz geringen Wechsel zeigen, um so geringer, je mehr Kühe gehalten werden. Gelangt neben Tagesmilch nur Morgen- und Abendmilch zum Verkaufe, so ist bald die Morgen-, bald die Abendmilch, je nachdem mehr oder weniger als 12 Stunden zwischen den beiden Melkzeiten verstrichen sind, etwas gehaltreicher, namentlich etwas fettreicher, doch pflegen diese Unterschiede im Fettgehalte bei Stallfütterung im Winter nur sehr selten mehr als $0{,}5\%$ zu betragen. Im Sommer bei Weidegang oder Grünfütterung können sie allerdings zeitweise an einzelnen Tagen bedeutend grösser werden und bis ungefähr 1% anwachsen. Bei dreimaligem Melken enthält fast immer die Morgenmilch am wenigsten und die Mittag- oder Abendmilch, gewöhnlich die letztere, am meisten Fett. In solchen Fällen beobachtet man, dass der Fettgehalt der Abendmilch den der Morgenmilch meistens um etwa 1%, ab und zu aber auch um $1{,}5\%$ übertrifft.

3. Die Aenderungen in der Fütterung eines Viehstapels verursachen eine plötzliche und auffallende Aenderung der Beschaffenheit der Milch nur dann, wenn sie das gesammte körperliche Wohlbefinden der Kühe entweder plötzlich vermindern oder plötzlich in sehr günstiger Weise beeinflussen. Proteïnreiche Futtermittel liefern im Allgemeinen eine gehaltreichere Milch, wasserreiche Futtermittel dagegen zwar eine grössere Milchmenge, aber eine weniger gehaltreiche Milch.

4. Die Veränderungen, denen die Milch rindernder Kühe unterliegt, können in Gemengen der Milch einer grösseren Zahl von Kühen höchstens dann zur Geltung kommen, wenn der grössere Theil der Milch des Gemenges von rindernden Kühen stammte. Mit dem Fortschreiten der Laktationsperiode nimmt im Allgemeinen der Gehalt der Milch an Trockensubstanz und Fett zu.

5. Auch von der Rasse der Kühe ist im Allgemeinen der Milchertrag und die Qualität der Milch abhängig, indem die Niederungsrassen einen meist höheren Milchertrag liefern als die Gebirgsrassen, letztere dagegen eine an Trockensubstanz und namentlich an Fett reichere Milch erzeugen.

Durch die vorstehenden und noch einige andere Verhältnisse wird die Milchkontrole sehr erschwert. Sie setzt, wenn man einigermaassen sicher gehen will, viel Erfahrung und Vorsicht voraus. Unumgänglich nothwendig ist es, dass man sich in seinem Kontrolbezirke durch ausgedehnte Untersuchungen und Beobachtungen einen genauen Einblick in die Milchverhältnisse, namentlich die Haltung und Fütterung des Milchviehes, die Rassen, Zahl der Kühe, den durchschnittlichen Fettgehalt etc. verschafft.

6. Veränderungen der Milch durch eine abnorme bezw. krankhafte Milchabsonderung:

a) Kolostrum- oder Biestmilch, ausgeschieden einige Tage vor und nach dem Kalben, erkennbar an der gelblichen bis braungelben Farbe, an der dickflüssigen, schleimigen Beschaffenheit, an den Kolostrumkörperchen und an der Gerinnbarkeit nach dem Kochen. Die Dauer der Abscheidung der Kolostrummilch beträgt je nach der Individualität und der Zahl der bereits abgehaltenen Kalbungen 8 bis 14 Tage.

b) Blutige Milch bei Erkrankung des Euters und auch der Nieren; sie soll ferner nach Füttern gewisser Futtermittel auftreten. Das Blut setzt sich bei ruhigem Stehen der Milch binnen kurzer Zeit am Boden ab.

c) Salzige oder rässe Milch, ebenfalls durch eine Eutererkrankung hervorgerufen. Sie zeigt eine veränderte Zusammensetzung für alle Bestandtheile, besonders ein Zurücktreten des Milchzuckers und unter den Mineralstoffen eine Vermehrung des Kochsalzes unter Zurücktreten der Phosphate; hieraus erklärt sich der salzige Geschmack der Milch.

d) Griesige Milch, verursacht durch das Eintrocknen der Milch an der Zitzenwandung und in den Falten der Zitzenschleimhaut. Sandige Milch hat wahrscheinlich dieselbe Ursache.

7. Veränderungen der Milch durch Bakterien.

Diese Milchfehler treten durchweg erst mehr oder weniger lange nach dem Melken, oft auch erst an den Milcherzeugnissen hervor:

Solche Milchfehler sind:

a) Blaue Milch, verursacht durch Bac. cyanogenus Hüppe, Bac. cyaneofluorescens Zangemeister.

b) Rothe Milch: Bac. prodigiosus, Sarcina rosea Menge, Saccharomyces ruber Demme etc.

c) Gelbe Milch: Bac. synxanthus Schröter.

d) Schleimige oder fadenziehende Milch: Coccus der schleimigen Milch Schmidt-Mülheim, Actinobacter der schleimigen Milch Duclaux, Bac. lactis viscosus Adametz, Micrococcus der schleimigen Milch Weigmann etc. und noch verschiedene Kartoffel- oder Erdbacillen.

e) Bittere Milch: Bac. lactis amari Weigmann etc. und eine grosse Anzahl von Kartoffel- und Heubacillen.

f) **Käsige Milch**, wahrscheinlich durch verschiedene neben den Säuerungsbakterien vorhandene Bakterien und Pilze verursacht, welche ein labartiges und ein peptonisirendes Ferment enthalten, und solche, welche Gasbildung bewirken. Die Milch säuert nicht in normaler Weise, sondern es scheidet sich das Kaseïn in grösseren Flocken und Klumpen zusammengeballt aus.

g) **Seifige Milch**, zusammenfallend mit **nicht gerinnender Milch oder nicht gerinnendem, schwer verbutterndem Rahm.** Die Milch hat einen unangenehmen stechenden Geruch, einen laugig-seifigen Geschmack und gerinnt nicht bei längeren Stehen, sondern setzt nur einen schleimigen Bodensatz ab, während die überstehende Milch nach und nach dünnflüssiger und heller wird, vielfach auch bitter schmeckt. Ursachen sind: Bakterien, Schimmelpilze, Oïdien und Hefen, welche ein „Lab und Pepsin“ ähnliches Ferment abscheiden.

h) **Gährende Milch**, verursacht durch gasbildende Bakterien und Hefen. Das Gas ist nicht selten Wasserstoff und wird nicht immer allein durch Zersetzung des Milchzuckers erzeugt.

i) **Faulige Milch**, wahrscheinlich verursacht durch peptonisirende Bakterien, Schimmelpilze oder Oïdien, welche stark riechende Gase erzeugen.

Chemische Zusammensetzung der Milch.

Wenngleich, wie im Vorhergehenden hervorgehoben worden ist, von einer konstanten chemischen Zusammensetzung des einzelnen Gemelkes einer Kuh im Allgemeinen nicht die Rede sein kann, so lassen sich doch für die in Deutschland herrschenden Verhältnisse über die mittlere chemische Zusammensetzung der **Tagesmilch** grösserer Kuhherden (15 und mehr Stück) und über die Grenzen, zwischen denen die Mengen der einzelnen Bestandtheile solcher Milch schwanken, die nachstehenden Zahlen angeben:

	Mittel	Grenzen der Schwankungen
Wasser	87,75 %	86,0—89,5 %
Fett	3,40 -	2,7— 4,3 -
Stickstoffsubstanz	3,50 -	3,0— 4,0 -
Milchzucker	4,60 -	3,6— 5,5 -
Mineralbestandtheile	0,75 -	0,6— 0,9 -

Dieser mittleren Zusammensetzung entspricht ein specifisches Gewicht von 1,03165 bei 15⁰. Das Gewichtsverhältniss des Fettes zu den eiweissartigen Stoffen ist das von 100 : 103. Die Trockensubstanz t, im Mittel 12,25 % vom Milchgewicht, enthält bei einem specifischen Gewicht von $m = 1,333$ im Mittel 27,75 % Fett, und die fettfreie Trockensubstanz (r), im Mittel 8,85 % vom Milchgewicht, hat für alle Sorten von Kuhmilch sehr annähernd das gleichbleibende specifische Gewicht von $n = 1,6$ bei 15⁰.

Die Verfälschungen der Milch.

Als verfälscht ist frische Milch zu bezeichnen, wenn die mittlere chemische Zusammensetzung, mit der sie nach ununterbrochenem und vollständigem Ausmelken aus dem Euter gewonnen worden war, durch äussere Eingriffe verändert wurde.

Die hauptsächlichsten Verfälschungen der Milch sind:

1. der Zusatz von Wasser,

2. mehr oder minder starker Fettentzug, bezw. Vermischen der Milch mit entrahmter Milch,

3. die gleichzeitige Anwendung beider vorstehender Verfälschungsarten und

4. der Zusatz von Konservirungsmitteln, wie Natriumbikarbonat, Borsäure, Salicylsäure, Benzoësäure, Formaldehyd.

Die bei der Untersuchung der Milch auszuführenden Bestimmungen.

1. Handelt es sich bei der Untersuchung der Milch um den Nachweis der obigen, unter 1, 2 und 3 benannten Verfälschungen, so sind folgende Bestimmungen bzw. Berechnungen

unbedingt auszuführen:

a) des specifischen Gewichtes der Milch bei 15° (s)

b) des Fettgehaltes (f)

c) der Trockensubstanz (t)

d) des specifischen Gewichtes der Trockensubstanz (m), bezw. des Fettgehaltes der Trockensubstanz

e) der fettfreien Trockensubstanz

wünschenswerth:

a) des specifischen Gewichtes des Serums,

b) der Mineralstoffe,

c) der qualitative Nachweis von Salpetersäure.

2. Beim Nachweis von Konservirungsmitteln ist auf die vorstehend unter 4 besprochenen Substanzen zu prüfen.

3. Zuweilen kann es erwünscht sein, den Säuregrad der Milch kennen zu lernen.

4. Soll endlich die Milch vollständig auf ihre Bestandtheile untersucht werden, so ist ausser dem Trockensubstanz- und Fettgehalte zu bestimmen

der Gehalt an Stickstoffsubstanz und Milchzucker;

endlich ist auch eine Trennung der Eiweissstoffe unter Umständen erforderlich.

Untersuchungsmethoden für Milch.

Die Probenentnahme.

Da sich die Milch bei ruhigem Stehen unter Abscheidung des Rahms entmischt, so ist bei der Entnahme von Proben für die chemische Untersuchung die Milch vorher durch Umrühren oder besser mehrmaliges Umgiessen sorgfältig zu mischen und die entnommene Probe (etwa $\frac{1}{2}$ bis 1 Liter) möglichst schnell der Untersuchungsstelle einzusenden. Bei dem Abwägen der Milch für die einzelnen Bestimmungen ist dieselbe stets kurz vorher gründlich zu mischen.

1. Die Bestimmung des specifischen Gewichtes.

Die Bestimmung des spec. Gewichtes der Milch, welche erst einige Stunden nach dem Melken erfolgen darf und auf 15⁰ zu beziehen ist, wird nach einer der S. 20 für Flüssigkeiten angegebenen Methoden bestimmt[1]).

Für die Bestimmung des spec. Gewichtes des Milchserums empfiehlt es sich, in erster Linie die Milch in verschlossenen bezw. bedeckten Flaschen auf natürliche Weise gerinnen zu lassen und von dem Quarg abzufiltriren. Erfolgt die Gerinnung nicht freiwillig, so versetzt man die abgewogene Menge Milch mit einigen Tropfen 20⁰/₀iger Essigsäure, erwärmt unter Bedecken der Flasche kurze Zeit auf etwa 40⁰ und ersetzt nach dem Erkalten das etwa verdunstete Wasser.

2. Die Bestimmung des Fettes.

Den Fettgehalt der Milch bestimmt man gewichtsanalytisch entweder nach der verbesserten Methode von Adams, oder durch Extraktion der mit Sand und Gyps oder ausgeglühtem Bimssteinpulver oder Asbest etc. eingetrockneten Milch, oder nach der aräometrischen Methode von Soxhlet. Die Centrifugalmethoden mittelst des Laktokrits, ferner nach W. Thörner, N. Gerber, Babcock können bei der Milchkontrole gleichfalls angewendet werden, sie sollen jedoch in gerichtlichen Fällen oder bei Beanstandungen verfälschter Milch im Allgemeinen nicht angewendet oder doch durch eine der vorgenannten Methoden ergänzt werden.

a) Verbesserte Methode von Adams. 10—12 g Milch werden aus einer kleinen gewogenen und später zurückzuwägenden Spritzflasche auf einen horizontal ausgespannten, 56 cm langen und 6,5 cm breiten, vorher mit Aether anhaltend extrahirten und getrockneten fettfreien Filtrirpapierstreifen aufgespritzt. Nachdem der Streifen lufttrocken geworden, rollt man ihn leicht zusammen, umwickelt ihn mit einem feinen Platindraht, trocknet vorsichtig bei 100⁰ und extrahirt ihn mit Aether.

b) 20—25 g Milch werden in einer geeigneten Schale unter Anwendung geeigneter Aufsaugungsmittel eingedampft und in dem trockenen, gepulverten Rückstande nach S. 4 der allgemeinen Untersuchungsmethoden das Fett bestimmt.

c) Da dem Apparat zur Soxhlet'schen aräometrischen Methode, dem Laktokrit sowie den Apparaten von W. Thörner, N. Gerber und

---

[1]) Die nach den Angaben Soxhlet's hergestellten Laktodensimeter sind von dem Mechaniker Joh. Greiner in München, Neuhauserstrasse No. 49 zu beziehen.

Babcock gedruckte Gebrauchsvorschriften beigegeben werden, unterbleibt hier die Beschreibung dieser Methoden.

3. Die Bestimmung der Trockensubstanz.

Die Bestimmung der Trockensubstanz der Milch geschieht nach einem der drei folgenden Verfahren:

a) Sie kann mit der Fettbestimmung nach dem verbesserten Adamsschen Verfahren verbunden werden.

b) 10—12 g Milch werden mit geeigneten Aufsaugungsmitteln in einer Schale unter häufigem Umrühren auf dem Wasserbade zur Trockne verdampft und bei ca. 105 ^{0} im Lufttrockenschranke oder im Vakuumapparat bis zum konstanten Gewichte getrocknet.

c) Statt dessen kann man sich auch der flachen Soxhlet'schen Nickelschalen und statt des Vakuum- oder Lufttrockenschrankes des Soxhlet' schen Trockenapparates mit Glycerinfüllung bedienen. Doch empfiehlt es sich hierbei, nur 5—10 g Milch zu verwenden.

d) Die Trockensubstanz der Milch kann auch aus dem spec. Gewichte und Fettgehalt derselben nach der Fleischmann'schen Formel

$$t = 1{,}2 \cdot f + 2{,}665 \cdot \frac{100\,s - 100}{s}$$

berechnet werden, in der

$$t = \text{Trockensubstanz}$$
$$f = \text{Fett und}$$
$$s = \text{specifisches Gewicht}$$

bedeutet.

Hat man die Trockensubstanz direkt bestimmt, so kann diese Formel mit Vortheil zur Kontrole der Richtigkeit der Befunde verwendet werden.

4. Berechnung des spec. Gewichtes der Trockensubstanz und des Gehaltes an fettfreier Trockensubstanz in der Milch.

a) Aus dem spec. Gewichte (s) und dem Trockensubstanzgehalte (t) der Milch berechnet sich das spec. Gewicht der Milchtrockensubstanz (m) nach der Formel

$$m = \frac{t\,s}{t\,s - 100\,s + 100}.$$

b) Der Gehalt an fettfreier Trockensubstanz (r) wird durch Subtraktion des Fettgehaltes (f) vom Trockensubstanzgehalt (t) erhalten.

$$r = t - f.$$

5. Die Bestimmung der Mineralstoffe.

10—20 g Milch werden in einer gewogenen Platinschale auf dem Wasserbade zur Trockne verdampft, darauf nach S. 17 der allgemeinen Untersuchungsmethoden verascht. Die Asche reiner Milch besitzt eine bleibende schwach alkalische Reaktion.

6. Die Bestimmung der Gesammteiweissstoffe.

a) Bestimmung des Gesammtstickstoffes.

15—20 g Milch werden direkt im Verbrennungskolben nach Kjeldahl mit 20 ccm Schwefelsäuregemisch versetzt, erst über kleiner Flamme erhitzt und darauf verbrannt. Gefundener Stickstoff $\times$ 6,37 ergiebt die Menge an Kaseïn bezw. an Stickstoffsubstanz.

b) Bestimmung der Gesammteiweissstoffe nach Ritthausen[2]).

25 g Milch werden mit 400 ccm Wasser verdünnt, mit 10 ccm Fehling'scher Kupfersulfatlösung und weiter mit 6,5—7,5 ccm einer Kali- oder Natronlauge versetzt, welche 14,2 g KOH oder 10,2 g NaOH im Liter enthält. Die Flüssigkeit muss nach dem Absetzen des Niederschlages noch ganz schwach sauer oder neutral, darf aber keinesfalls alkalisch reagiren. Die klargewordene Flüssigkeit wird durch ein Filter von bekanntem Stickstoffgehalt filtrirt, der Niederschlag einige Male mit Wasser dekantirt, dann aufs Filter gebracht, mit Wasser ausgewaschen und sammt dem Filter nach Kjeldahl verbrannt. Von dem gefundenen Stickstoff wird der des Filters abgezogen, und die Stickstoffsubstanz wie oben durch Multiplikation mit 6,37 berechnet.

Ueber die Trennungsmethoden der einzelnen Eiweissstoffe siehe König, Chemie d. Nahrungsmittel etc. III. Aufl., 2. Bd., S. 274.

7. Die Bestimmung des Milchzuckers.

Bei der Milchzuckerbestimmung verfährt man in der gleichen Weise, wie bei der Eiweissbestimmung nach Ritthausen, man füllt jedoch die Flüssigkeit sammt dem Eiweissniederschlage auf 500 ccm auf, filtrirt durch ein trocknes Faltenfilter, setzt 100 ccm der Lösung zu 50 ccm kochender Fehling'scher Lösung, erhält die Flüssigkeit 6 Minuten im Sieden und verfährt weiter wie gewöhnlich.

Die polarimetrische Bestimmung des Milchzuckers ist unsicher.

8. Bestimmung des Säuregrades.

Den Säuregrad der Milch bestimmt man nach der Methode von Soxhlet und Henkel: 50 ccm Milch werden unter Zusatz von 2 ccm 2%iger Phenolphtaleïnlösung mit $^1/_4$ Normal-Natronlauge titrirt, wobei als Endreaktion das Auftreten einer eben bemerkbaren Röthlichfärbung der Flüssigkeit zu betrachten ist. Unter einem Acidititäts- oder Säuregrade versteht man die Anzahl ccm $^1/_4$ Normal-Natronlauge, welche zur Neutralisation von 100 ccm Milch erforderlich ist.

9. Der Nachweis von Salpetersäure

in der Milch kann, da die natürliche Milch keine Salpetersäure enthält, unter Umständen einen Anhaltspunkt für stattgehabte Wässerung geben. Die Ausführung geschieht nach der Methode von Möslinger. (Vergl. J. König, Nahrungsmittelchemie III. Aufl., 2. Band, S. 276.)

---

[2]) Zeitschrift f. anal. Chemie *17*, 241.

10. Den Schmutzgehalt der Milch

findet man durch Absetzenlassen in hohen Cylindern; soll derselbe quantitativ bestimmt werden, so verfährt man nach der Methode von Renk[3]), indem man sich des von A. Stutzer[4]) beschriebenen Apparates bedient und den aus 1 Liter Milch in dem Proberöhrchen sich ansammeln-den Schmutz, entsprechend dem Verfahren von Renk, in der Weise be-stimmt, dass man den Inhalt des Röhrchens in ein Becherglas oder besser in ein hohes cylindrisches Gefäss giesst, mit Wasser übergiesst und nach dem Absitzen bis auf einen kleinen Rest dekantirt, ohne den Niederschlag aufzurühren. Die Dekantation wiederholt man so oft, bis das überstehende Wasser hell und klar ist. Dann giebt man den Niederschlag auf ein ge-trocknetes und gewogenes Filter, extrahirt den Rückstand mit Alkohol und Aether und trocknet bis zum konstanten Gewicht.

Nach Renk's Angaben beträgt der durchschnittliche Gehalt der Milch an Schmutz etwa 10 mg im Liter.

11. Den Nachweis gekochter Milch

führt man dadurch, dass man die Milch freiwillig gerinnen lässt und das klar filtrirte Serum zum Kochen erhitzt. Gekochte bezw. bei hohen Tem-peraturen sterilisirte Milch bleibt hierbei klar, ungekochte Milch giebt eine starke, ein Gemisch von ungekochter mit gekochter Milch eine weniger starke Ausscheidung von Albumin. M. Rubner[5]) trägt für den Zweck so-lange Kochsalz unter Schütteln in die Milch ein, bis sich Kochsalz unge-löst auf dem Boden des Gefässes in genügender Menge ansammelt, er-wärmt auf 30 bis 40° und prüft das Filtrat wie vorhin.

12. Der Nachweis von Konservirungsmitteln.

Die gewöhnlichen Konservirungsmittel lassen sich in der Milch ebenfalls unschwer nachweisen:

a) Einfach- und doppeltkohlensaures Natron nach Hilger in der Weise, dass man 50 ccm Milch mit der fünffachen Wassermenge verdünnt, erhitzt, mit wenig Alkohol zum Gerinnen bringt und filtrirt. Das auf die Hälfte eingeengte Filtrat lässt an der alkalischen Reaktion die Gegenwart von Alkalikarbonat erkennen. Im Allgemeinen kann man die alkalische Reaktion ebenso gut an der Milch selbst erkennen.

Besser gelingt der Nachweis von kohlensaurem Natron durch Be-stimmung des Kohlensäuregehaltes der Milchasche.

b) Salicylsäure nach der von Ch. Girard[6]) angegebenen Methode. 100 ccm der zu prüfenden Milch und 100 ccm Wasser von 60° werden mit 8 Tropfen Essigsäure und 8 Tropfen salpetersaurem Quecksilberoxyd

---

[3]) Münch. medic. Wochenschrift 1891, No. 6 und 7.

[4]) A. Stutzer: Die Milch als Kindernahrung u. s. w. Strauss, Bonn 1895.

[5]) Hygienische Rundschau 1895, S. 1021.

[6]) Zeitschr. f. anal. Chemie 1883, *22*, 277.

gefällt, geschüttelt und filtrirt. Das Filtrat wird mit 50 ccm Aether ausgeschüttelt, der Aether verdunstet und im Rückstand nach S. 24 auf
Salicylsäure geprüft.

c) Benzoësäure nach E. Meissl[7]). 250—500 ccm Milch werden
mit einigen Tropfen Kalk- oder Barytwasser alkalisch gemacht, auf ein
Viertel eingedunstet, und unter Zusatz von etwas Gypspulver zur Trockne
verdampft; die trockne feingepulverte Masse wird mit etwas verdünnter
Schwefelsäure befeuchtet und drei bis viermal mit 50%igem Alkohol kalt
ausgeschüttelt. Die vereinigten sauren alkoholischen Auszüge werden mit
Barytwasser neutralisirt und auf ein kleines Volumen eingeengt. Dieser
Rückstand wird abermals mit verdünnter Schwefelsäure angesäuert und
mit kleinen Mengen Aether ausgeschüttelt. Der Aether hinterlässt beim
freiwilligen Verdunsten fast reine Benzoësäure, die nach S. 24 erkannt
wird.

d) Borsäure nach E. Meissl[8]). 100 ccm mit Kalkmilch alkalisch
gemachte Milch werden eingedampft und verascht. Die Asche wird nach
S. 22 auf Borsäure geprüft.

e) Formaldehyd nach Thompson[9]) in der Weise, dass man von
100 ccm Milch 20 ccm abdestillirt und das Destillat nach S. 24 weiter
behandelt.

Anhaltspunkte für die Beurtheilung.

Wenn sich auch für die Schwankungen der Menge der einzelnen
Bestandtheile der Milch und für die Schwankungen des specifischen Ge-
wichts Grenzen, die für die verschiedenen Gegenden Deutschlands in
gleichem Maasse Geltung beanspruchen dürften, nicht aufstellen lassen, und
wenn es daher, wie schon oben hervorgehoben worden ist, als unerlässlich
bezeichnet werden muss, sich für jeden Bezirk, in dem eine Kontrole ausgeübt werden soll, durch ausgedehnte Untersuchungen und Beobachtungen
sichere Anhaltspunkte für sein Urtheil zu verschaffen, so darf man bei
den für Deutschland geltenden Verhältnissen für Marktmilch und für
weitaus die Mehrzahl der Fälle wohl annehmen, es schwanke bei unver-
fälschter Milch

das specifische Gewicht bei 15⁰	von 1,029— 1,033
der Gehalt an Fett	- 2,50 — 4,50 %
- - - Trockensubstanz . . .	- 10,50 —14,20 -
- - - fettfreier Trockensubstanz	- 8,00 —10,00 -

und es sinke der Gehalt der Trockensubstanz an Fett nicht unter 20%
bezw. es erhebe sich das spec. Gewicht der Trockensubstanz nicht über
1,4. Bei täglich dreimaligem Melken kann der Fettgehalt der Morgen

[7]) Zeitschr. f. anal. Chemie 1882, *21*, 531.
[8]) Zeitschr. f. anal. Chemie 1882, *21*, 531.
[9]) Chem. News 1895, *71*, S. 247.

milch aus den angegebenen Grenzen nach unten sehr wohl heraustreten, ohne dass Fälschung vorliegt.

Für die Erkennung der oben angeführten Arten der Milchfälschung dienen folgende Anhaltspunkte:

1. Durch die Wässerung der Milch wird

a) das spec. Gewicht der Milch und des Serums erniedrigt,

b) der Gehalt der Milch an sämmtlichen Bestandtheilen gleichmässig erniedrigt, einschliesslich des Gehaltes an fettfreier Trockensubstanz, dagegen

c) bleibt der Fettgehalt der Milchtrockensubstanz bezw. deren spec. Gewicht normal.

Im Allgemeinen ist eine Milch, falls es sich nicht um die Milch einer einzelnen Kuh handelt, als gewässert zu bezeichnen, wenn das spec. Gewicht der Milch unter 1,028, das des Serums unter 1,026 und der Gehalt an fettfreier Trockensubstanz unter 8 % erheblich herabsinkt.

Fällt hierbei der Fettgehalt der Milchtrockensubstanz nicht unter 20 %, bezw. steigt das spec. Gewicht derselben nicht über 1,4, so ist nur eine Wässerung anzunehmen.

2. Durch die Entrahmung der Milch oder das Vermischen von Milch mit entrahmter Milch wird

a) das spec. Gewicht der Milch erhöht, während das des Serums dasselbe bleibt,

b) auch Trockensubstanz- und Fettgehalt werden erniedrigt, jedoch letzterer mehr als ersterer; es kann daher der Gehalt an fettfreier Trockensubstanz über 8 % betragen.

c) Der Fettgehalt der Milchtrockensubstanz fällt, bezw. ihr spec. Gewicht steigt.

Eine Milch ist, falls es sich nicht um die Milch einer einzelnen Kuh handelt, als entrahmt oder als mit entrahmter Milch vermischt zu bezeichnen, wenn bei erhöhtem spec. Gewicht der Milch und normalem spec. Gewichte des Serums oder normalem Gehalt an fettfreier Trockensubstanz der procentische Fettgehalt der Milchtrockensubstanz unter 20 % erheblich sinkt, bezw. ihr spec. Gewicht über 1,4 erheblich steigt.

3. Wässerung und Entrahmung gleichzeitig liegen vor, wenn bei unter Umständen normalem spec. Gewicht der Milch das des Serums erheblich unter 1,026 sinkt und bei erniedrigtem Gehalt an sämmtlichen Milchbestandtheilen der Fettgehalt der Milchtrockensubstanz erheblich unter 20 % sinkt bezw. deren spec. Gewicht erheblich über 1,4 steigt.

Durch die vorstehenden Anhaltspunkte können nur verhältnissmässig grobe Verfälschungen der Milch nachgewiesen werden, auch ist es unmöglich, auch nur annähernd den Grad derselben festzustellen. Entfernen sich daher die gefundenen Zahlen nur wenig von den oben angeführten nach oben wie nach unten, oder aber handelt es sich um die Milch einer einzelnen Kuh[10]), oder soll der Grad der Verfälschung annähernd festgestellt werden, so ist unbedingt erforderlich

die Stallprobe.

Die Stallprobe ist nur möglich, wenn sicher festgestellt werden kann, aus welchem Stalle die fragliche Milch stammt, und sie hat nur dann einen Zweck, wenn ganz genau bekannt ist, von welcher Melkzeit die Milch herrührt. Sie besteht darin, dass man zu derselben Melkzeit, zu der die verdächtige Milch gemolken sein soll, am besten von derselben Person, welche gewöhnlich melkt, das Melken besorgen lässt, eine Durchschnittsprobe von der ganzen ermolkenen Milchmenge nimmt, diese untersucht, die nunmehr erhaltenen Ergebnisse mit den früheren vergleicht und sorgfältig erwägt, ob die Vergleichung den bestehenden Verdacht bestätigt oder nicht.

Bei der Stallprobe, die durch den Sachverständigen selbst oder eine hinreichend instruirte Person (Polizeibeamten) erfolgen muss, ist auf folgende Punkte besonders und zwar stets Rücksicht zu nehmen:

1. Die Stallprobe ist bei derjenigen Melkzeit bezw. denjenigen Melkzeiten vorzunehmen, welcher bezw. welchen die fragliche Probe entstammte.

2. Die Stallprobe ist am besten schon nach 24 Stunden, auf keinen Fall später als 3 Tage nach der Melkzeit der fraglichen Milch vorzunehmen.

3. Die Probe muss sich auf alle Kühe, aber auch nur auf diejenigen erstrecken, welchen die fragliche Milch entstammte.

4. Es ist dafür zu sorgen, dass sämmtliche Kühe vollständig ausgemolken werden, und dies ist von demjenigen, welcher die Stallprobe vornimmt, zu kontroliren.

5. Von der gut durchmischten, abgekühlten Milch sämmtlicher in Frage kommenden Kühe ist eine Durchschnittsprobe von $\frac{1}{2}$—1 Liter in einer reinen, trocknen, vollständig gefüllten Flasche versiegelt möglichst schnell der Kontrolstelle einzusenden, wobei es sich empfiehlt, im Sommer dieselbe mit Eis zu kühlen.

6. Es ist möglichst genau zu erforschen und anzugeben:

    a) die Anzahl der vorhandenen milchenden Kühe, von denen die Milch stammt,

---

[10]) Die Zusammensetzung nicht nur einzelner Melkungen, sondern auch des Tagesgemelkes einer einzelnen Kuh schwankt mitunter von einem Tage zum anderen so sehr, dass sich auf Grund einer einzigen Stallprobe kein maassgebendes Urtheil gewinnen lässt. Für eine einzelne Kuh — ein Fall, der allerdings bei der Marktkontrole der Milch kaum vorkommt —, ist es daher in Zweifelfällen nothwendig, mehrere fortlaufende Stallproben zu entnehmen und zu untersuchen.

b) Ernährungs- und Gesundheitszustand, sowie Zeit der Laktation der Kühe,

c) ob und welche Veränderungen in der Haltung der Kühe zwischen der Zeit, welcher die fragliche Probe entstammt bezw. kurz vorher, und der Zeit der Stallprobe stattgefunden haben,

d) ob in dieser Zeit ein Witterungsumschlag stattgefunden hat.

Es empfiehlt sich, für die Stallprobe gedruckte Vorschriften vorräthig zu halten, auf denen die unter 1—6 angegebenen Punkte angeführt sind, auf denen die unter 6 bezeichneten Angaben zu machen und die gleichzeitig mit der entnommenen Milchprobe der Kontrolstelle einzusenden sind.

Wird die Stallprobe unter genauer Einhaltung vorstehender Vorschriften genommen und ist eine wesentliche Veränderung in den unter 6 b) bis 6 d) aufgeführten Punkten nicht eingetreten, so werden sich die Ergebnisse der beiden Analysen, falls eine Fälschung nicht vorliegt, gewöhnlich für das spec. Gewicht der Mischmilch um nicht mehr als 2 Einheiten der dritten Decimale, für den Gehalt an Fett um nicht mehr als 0,3 % und den an Trockensubstanz um nicht mehr als 1 % unterscheiden. Grössere Unterschiede sind nur ausnahmsweise bei der Milch einzelner Kühe beobachtet worden[11]).

Der Grad der Fälschung d. h. die Menge des zugesetzten Wassers oder des entzogenen Fettes lässt sich nur annähernd nach der Stallprobe berechnen, und zwar dienen hierzu die folgenden, von Fr. J. Herz[12]) aufgestellten Formeln:

a) bei gewässerter Milch

$$1. \quad w = \frac{100\,(r_1 - r_2)}{r_1}$$

$$2. \quad v = \frac{100\,(r_1 - r_2)}{r_2},$$

b) bei stattgehabter Entrahmung

$$\varphi = f_1 - f_2 + \frac{f_2\,(f_1 - f_2)}{100},$$

c) bei gleichzeitiger Wässerung und Entrahmung

$$\varphi = f_1 - \frac{\left[\frac{100 - (M f_1 - 100 f_2)}{M}\right] \cdot \left[f_1 - \frac{(M f_1 - 100 f_2)}{M}\right]}{100}.$$

In diesen Formeln bedeutet:

$w =$ das in 100 Th. gewässerter Milch enthaltene zugesetzte Wasser.

$v =$ das zu 100 Th. reiner Milch zugesetzte Wasser.

---

[11]) Von anderer Seite gegen die Zuverlässigkeit der Stallprobe gemachte Einwendungen wurden von Mader (Milchztg. 1894, 11) als auf unrichtigen analytischen Befunden beruhend zurückgewiesen.

[12]) Chemiker-Zeitung 1893, *17*, 836.

$\varphi =$ das von 100 Th. reiner Milch durch Entrahmung hinweggenommene Fett.

r = den Gehalt der Milch an fettfreier Trockensubstanz.

f = den Fettgehalt der Milch,

M = 100 — w = die in 100 Th. gewässerter Milch enthaltene Menge ursprünglich ungewässerter Milch.

Die mit dem Index 1 bezeichneten Grössen beziehen sich auf die Stallprobenmilch, die mit dem Index 2 auf die verdächtige Milch.

Fr. J. Herz[13]) berechnet bei einer grossen Zahl von Stallproben (60), die er an aufeinanderfolgenden Tagen aus einem Stalle von 7 milchenden Kühen entnahm, aus den 1, 2, 3 bis 20 Tage vorher genommenen Proben Wasserzusätze bis zu 4 % und eine Abnahme des Fettgehaltes der Trockensubstanz, die im Ganzen zwischen 27,17 und 32,78 % schwankte, gegen den Tag zuvor bis zu 2,64 %.

Da geringe Fälschungen dem Fälscher nicht den beabsichtigten Gewinn bringen und bei den Schwankungen auch bei vorschriftsmässig vorgenommenen Stallproben bei der Beurtheilung einer Milch grosse Vorsicht geboten ist, so empfiehlt es sich, wenn es sich um die Milch mehrerer Kühe handelte, erst dann eine Milch als gewässert zu beanstanden, wenn der berechnete Wasserzusatz wenigstens 10 % beträgt, oder erst dann eine Milch als theilweise entrahmt bezw. mit Magermilch vermischt zu bezeichnen, wenn der Fettgehalt der Trockensubstanz in der fraglichen Probe um wenigstens 5 % geringer ist, als in der bei der Stallprobe entnommenen Milch.

Die Marktkontrole.

Soll eine wirksame Kontrole des Verkehrs mit Milch ausgeübt werden, so ist eine überaus grosse Anzahl von Proben zu kontroliren. Da die chemische Analyse hierfür zu weitläufig und zu kostspielig ist, so ist eine häufige Vorprüfung einer grossen Zahl von Milchproben durch geeignete Organe der Marktpolizei unbedingt erforderlich. Diese senden alsdann nur Proben verdächtiger Milch möglichst schnell der Kontrolstelle ein. Es empfiehlt sich, hierbei so gut wie möglich bereits festzustellen, von welcher Melkzeit und wieviel Kühen die fragliche Milch entstammt u. s. w.

Die geeignetsten Apparate für die Kontrole der Milch seitens der Organe der Marktpolizei sind hinreichend feine Laktodensimeter (vergl. S. 59); im Allgemeinen dürften Milchproben, deren spec. Gewicht bei 15 ⁰ unter 1,029 oder über 1,033 (29—33 Laktodensimetergrade) liegt, als verdächtig der Kontrolstelle einzusenden sein.

Im Uebrigen ist bei der Beurtheilung der Milch noch Folgendes zu berücksichtigen:

---

[13]) Ueber den Werth der Stallprobe. Mittheilungen des milchw. Vereins im Allgäu *5*, 37.

Untadelhafte, als frische Milch angebotene Handelsmilch darf noch nicht so sauer sein, dass sie beim Aufkochen gerinnt, darf bei längerem, ruhigem Stehen weder Schmutz noch Gerinnsel absetzen, darf pathogene Bakterien nicht enthalten, darf keinen aussergewöhnlichen Geruch oder Geschmack, auch kein aussergewöhnliches Aussehen haben und darf vor dem Verkaufe weder aufgekocht noch pasteurisirt worden sein. Letztere Anforderung fällt für die Zeiten weg, in denen Viehseuchen (Maul- und Klauenseuche) herrschen und in denen das anhaltende Kochen der Milch vor dem Verkaufe gesetzlich geboten ist.

II. Rahm, Magermilch, Buttermilch, Molken.

1. Der Rahm. Dadurch, dass man das Milchfett auf irgend eine Weise zwingt, sich in der Milch in einer zusammenhängenden Schicht anzusammeln, und dadurch, dass man diese Schicht von der übrigen Masse trennt, lässt sich eine gegebene Milchmenge in einen mehr oder weniger fettreichen Theil, den Rahm, und in einen anderen fettarmen Theil, die Magermilch, trennen. Je nachdem man eine grössere oder kleinere Schicht als Rahmschicht abnimmt, wechselt der procentische Fettgehalt des Rahms zwischen weiten Grenzen. Weniger fettreicher Rahm wird gewöhnlich als „Kaffeerahm“ und fettreicherer als „Schlagrahm“ verkauft. Der Handelswerth des Rahms richtet sich lediglich nach dessen Fettgehalt. Ein Fettgehalt von 10% dürfte als das Minimum für Rahm anzusehen sein. Wie die Milch, so darf auch der verkaufte Rahm beim Verkaufe als süsser Rahm noch nicht so stark gesäuert sein, dass er beim Aufkochen gerinnt.

Zur Beurtheilung des Rahmes reicht es hin, dessen Fettgehalt zu bestimmen. Bezeichnet man mit a den ortsüblichen Marktpreis eines Liters Milch in Pfennigen, und mit F den procentischen Fettgehalt des Rahms, so erhält man annähernd den Werth eines Liters Rahm (x) aus der Gleichung

$$x = \frac{a \cdot F}{3,4} \text{ Pfennige.}$$

Kostete z. B. das Liter Milch 17 Pf. und wäre $F = 10$, so erhielte man $x = 50$ Pfennig.

2. Die Magermilch enthält bei den gegenwärtig üblichen Entrahmungsverfahren nicht über 0,5%, manchmal nur 0,1% Fett. Auch die Magermilch des Handels darf noch nicht soweit gesäuert sein, dass sie das Aufkochen nicht mehr verträgt, ohne zu gerinnen. Verfälscht wird sie zuweilen durch Zusatz von Wasser.

Für den Nachweis des Wasserzusatzes genügt in den meisten Fällen die Bestimmung des spec. Gewichtes. Dasselbe beträgt bei 15° C. im Mittel 1,0345 und schwankt gewöhnlich zwischen 1,032 und 1,0365, und die Trockensubstanz der Magermilch stellt sich im Mittel auf

9,40% und schwankt für die meisten Fälle zwischen 8,50 und 10,50%. Die reine, unverfälschte Magermilch erzielt in den Städten durchschnittlich etwa die Hälfte des Preises, den man für die gleiche Menge Milch bezahlt.

3. Die Buttermilch, das Nebenprodukt der Butterbereitung, hat als Handelswaare nur eine untergeordnete Bedeutung. In grösseren Mengen ist sie da und dort zeitweise, namentlich im Sommer, als Nahrungs- und Genussmittel gesucht. Ungewässerte, bei regelrechtem Buttern gewonnene Buttermilch hat ein specifisches Gewicht, das bei 15° zwischen 1,032 und 1,035, und einen Fettgehalt, der meistens zwischen 0,3 und 0,8% liegt. Im Durchschnitt wird sie in Städten etwa ebenso hoch wie Magermilch bezahlt.

4. Die Molken, das Nebenprodukt der Käserei, kommen als Nahrungsmittel nur insoweit, als sie zu Kurzwecken dienen, in Betracht. Der Werth der Molken hängt von deren Produktionskosten ab, die sehr verschieden sein können, so dass sich hierüber Angaben von mehr allgemeiner Gültigkeit nicht machen lassen. Im Mittel haben die Molken, deren spec. Gewicht bei 15° zwischen 1,027 und 1,029 liegt, die folgende chemische Zusammensetzung:

Wasser 93,31%
Fett . . . . 0,10 -
Eiweissartige Stoffe . . . . 0,27 -
Milchzucker und Milchsäure . . . . 5,85 -
Mineralbestandtheile . . . . 0,47 -

Die chemischen Untersuchungsmethoden für Rahm, Magermilch, Buttermilch und Molken sind im Allgemeinen dieselben, wie für Milch, doch sind unter Umständen geringere (z. B. bei Fettbestimmung im Rahm) oder grössere Substanzmengen zu verwenden; ferner ist zu bemerken, dass die Fleischmann'sche Formel auf diese flüssigen Milchprodukte nicht anwendbar ist.

III. Milchkonserven.

Hierher gehören:
1. pasteurisirte Milch, sterilisirte Milch, Gärtner'sche Fettmilch,
2. mit oder ohne Zuckerzusatz eingedickte Milch, Magermilch, Rahm oder Molken, die entweder sterilisirt oder nicht sterilisirt sind,
3. Milchtafeln und Milchpulver.

Ueber Verfälschungen dieser Produkte ist bis jetzt sehr wenig bekannt geworden. Sicher weiss man nur, dass man es versuchte, eingedickte Magermilch als eingedickte Milch zu verkaufen. Pasteurisirte und sterilirte Milch darf nicht braungelb gefärbt sein und an der Oberfläche nicht in erheblichem Masse Butterklumpen oder Fettaugen zeigen. Milchtafeln und Milchpulver müssen frei von ranzigem Geruch und von Konservirungsmitteln (Zucker ausgenommen) sein.

Untersuchungsmethoden und Anhaltspunkte für die Beurtheilung.

Bei der Beurtheilung dieser Stoffe wird man sich auf eine chemische Untersuchung nicht beschränken dürfen, sondern wird auch häufig noch eine mikroskopische und bakteriologische Prüfung, sowie eine Prüfung auf Haltbarkeit vornehmen müssen.

Der Gang der Untersuchung ist im Allgemeinen derselbe wie bei der Milch, doch ist im Besonderen Folgendes hervorzuheben:

1. Pasteurisirte und sterilisirte Milch.

Die chemische Zusammensetzung der pasteurisirten und sterilisirten Milch ist dieselbe, wie die der verwendeten frischen Milch, und es gelten für dieselbe auch die gleichen Regeln für den Nachweis der Fälschung. Weiterhin aber ist durch eine bakteriologische Untersuchung festzustellen, wieweit dieselben keimfrei sind und namentlich ist auf das Vorhandensein von Konservirungsmitteln ein besonderes Augenmerk zu richten.

2. Eingedickte Milch, Milchtafeln und -pulver[14]).

Als Beispiele für die chemische Zusammensetzung von eingedickter Milch mögen folgende Angaben dienen:

	Ohne Zuckerzusatz		Mit Zusatz
	aus Amerika	aus Deutschland	von Rohrzucker
Wasser	48,6%	63,8%	25,7%
Fett	15,7 -	9,8 -	11,0 -
Stickstoffsubstanz	17,8 -	10,4 -	12,3 -
Milchzucker	15,4 -	13,7 -	16,3 -
Rohrzucker	—	—	32,4 -
Rohasche	2,5 -	2,3 -	2,3 -
Spec. Gewicht bei 15° . .	1,136	1,100	1,282

Die Milchpulver enthalten meist nur noch 4—6% Wasser; ihre sonstige Zusammensetzung entspricht der Zusammensetzung der Trockensubstanz der verwendeten Milch oder Magermilch.

Bei der Untersuchung von eingedickter Milch kommt es vor Allem auf eine gleichmässige Durchmischung der Probe für die einzelnen Bestimmungen an, die im Allgemeinen in derselben Weise erfolgen, wie bei Milch, nur sind natürlich entsprechend geringere Substanzmengen in Arbeit zu nehmen.

Auch kann man in der Weise verfahren, dass man die Proben vor der Analyse in der Wassermenge löst, die zur Lösung für den Gebrauch vorgeschrieben ist, und, wenn es an solchen Vorschriften fehlt, in so viel Wasser, dass die Lösung ein specifisches Gewicht von etwa 1,032 gewinnt.

Um annähernd zu ermitteln, wie weit die Eindickung bei eingedickter Milch ohne Zuckerzusatz getrieben worden war, dividirt man mit der

---

[14]) Das Eindicken der Milch und die Herstellung von Milchpulver erfolgt meist durch mehr oder minder starkes Einkochen derselben in Vakuumapparaten.

Maasszahl der gefundenen Trockensubstanz in die Zahl 1250. Der Quotient a besagt dann, dass die ursprüngliche Milch annähernd im Verhältniss von 100 : a eingedickt wurde.

Bei der Untersuchung der Milchpulver und Milchtafeln verfährt man zur Bestimmung der meisten Bestandtheile, wie bei pulverförmigen Substanzen überhaupt; für die Fettbestimmung jedoch empfiehlt sich ein Vermischen des Pulvers mit Sand behufs Extraktion des Fettes mit Aether, für die Bestimmung der Eiweissstoffe nach Ritthausen ein Lösen des Pulvers mit Wasser etc. in der bei Milch angegebenen Weise.

Den **Zuckergehalt** der eingedickten Milch wie der Milchpulver bestimmt man, nachdem man sich durch die mikroskopische Untersuchung von der Reinheit derselben überzeugt hat, meistens aus der Differenz der Summe der übrigen festen Bestandtheile und der Trockensubstanz. In der mit Zuckerzusatz eingedickten Milch lässt sich die Menge des zugesetzten Zuckers annähernd berechnen, wenn man annimmt, dass der ursprüngliche Gehalt der Milch an Milckzucker 60% des Gehaltes derselben an (Fett + Stickstoffsubstanz + Asche) betrug. Sollen Milchzucker und Rohrzucker quantitativ neben einander bestimmt werden, so verfährt man entweder

a) maassanalytisch nach A. W. Stokes und R. Bodmer[15]), indem man die stark verdünnte Milch vor und nach der Inversion mit 2%iger Citronensäure, durch welche nur der Rohrzucker invertirt wird, mit ammoniakalischer Fehling'scher Kupferlösung erhitzt. Die Differenz ergiebt die vorhandene Rohrzuckermenge;

b) oder polarimetrisch nach E. v. Raumer und E. Späth[16]), indem man den Drehungswinkel der gewichtsanalytisch bestimmten Milchzuckermenge von dem beobachteten Drehungswinkel abzieht und den übrigbleibenden Winkel auf Rohrzucker berechnet.

Bei der Untersuchung von eingedickter Milch ist ausserdem noch Rücksicht zu nehmen auf einen etwaigen Gehalt an Konservirungsmitteln, welche wie bei Milch nachgewiesen werden, und ferner bei eingedickter Milch sowohl als auch bei Milchpulvern auf vorhandene Schwermetalle, welche von den Aufbewahrungsgefässen oder dergl. in dieselbe gelangt sein können.

Litteratur:

M. Schrodt. Anleitung zur Prüfung der Milch u. s. w. Bremen 1892.
J. König. Die menschlichen Nahrungs- und Genussmittel u. s. w. Berlin 1893.
W. Fleischmann. Lehrbuch der Milchwirthschaft. Bremen 1893.
H. Weigmann. Die Methoden der Milchkonservirung. Bremen 1893.
H. Scholl. Die Milch u. s. w. Wiesbaden 1891.
E. von Freudenreich. Die Bakteriologie in der Milchwirthschaft. Basel 1893.
W. Kirchner. Handbuch der Milchwirthschaft. Berlin 1891.

---

[15]) Chem. News 1885, *51*, S. 193.   Ref. in Chem. Centralbl. 1885, S. 522.
[16]) Zeitschr. f. angew. Chem. 1896, S. 46 u. S. 70.

Käse.

Referent des Ausschusses: **Dr. König.**
Verfasser: **Dr. Weigmann.**

Vorbemerkungen.

Unter Käse versteht man die in eine bestimmte Form gebrachte Masse des Kaseïns (Parakaseïn oder eigentliches Kaseïn) oder auch des Albumins der Milch nach Abscheidung dieser Bestandtheile aus letzterer. Die Masse kann, wie das meist der Fall ist, aus Kaseïn bestehen und die Abscheidung erfolgt dann entweder durch Zusatz von Lab oder durch eine absichtlich herbeigeführte Säuerung der Milch; man unterscheidet dann Labkäse und Sauermilchkäse. Die Käsemasse kann aber auch aus dem Albumin der Milch bestehen; die Ausscheidung erfolgt dann durch Kochen der von dem Kaseïn befreiten Milch (der Molke) nach vorherigem Zusatz von saurer Molke.

Je nach dem Grad der Entrahmung, den die zur Käserei verwendete Milch erfahren hat, nennt man die Käse: fette, ganz fette oder Vollmilchkäse, wenn die Milch unentrahmt verwendet wurde;

halbfett, wenn die Milch aus gleichen Theilen Vollmilch und Magermilch besteht;

mager (Magerkäse), wenn sie aus entrahmter Milch hergestellt sind.

Auch unterscheidet man $^3/_4$, $^1/_4$, $^2/_3$ und $^1/_3$ fette Käse, je nach der Menge Vollmilch, welche sich in dem zur Käserei verwendeten Milchgemische befindet.

Endlich dienen auch Rahm oder Gemische von Rahm und Vollmilch zur Herstellung der sogenannten Rahmkäse.

Chemische Zusammensetzung des Käses.

Die hauptsächlichsten Bestandtheile des Käses sind Wasser, Stickstoffsubstanz (Parakaseïn, Kaseïn) und Fett neben geringeren Mengen von Mineralstoffen und Milchsäure. Die durch die Käsereife gebildeten Bestandtheile sind im Wesentlichen:

Kaseïn, Kaseo-Glutin, Albumosen, Peptone, Amidosäuren (Leucin, Tyrosin, Phenylamidopropionsäure), Ammoniak, Milchsäure, Buttersäure und andere flüchtige Fettsäuren.

J. König giebt für die verschieden fetten Käsearten folgende mittlere Zusammensetzung[1]):

	Wasser	Stickstoff-substanz	Fett	Mineralstoffe	In der Trockensubstanz	
					Stickstoff-substanz	Fett
Rahmkäse	36,31 %	18,84 %	40,71 %	3,10 %	29,60 %	63,96 %
Fettkäse	38,00 -	25,35 -	30,25 -	4,97 -	40,89 -	48,79 -
Halbfettkäse	39,79 -	29,67 -	23,92 -	4,73 -	49,23 -	39,68 -
Magerkäse	46,00 -	34,06 -	11,65 -	4,87 -	63,08 -	21,58 -

Hiernach und nach Vorschlägen von Herz[2]) entfallen auf je 1 Thl. Fett:

bei überfetten oder Rahmkäsen	Vollfetten Käsen	Fetten Käsen	Halbfetten Käsen	Mager-Käsen
weniger als 0,67 Thl.	0,67—1,25 Thl.	1,25—2,0 Thl.	2,0—3,0 Thl.	mehr als 3 Theile

fettfreie Trockenmasse.

Die Käsearten.

Je nach der Herkunft der Milch unterscheidet man Kuhmilch-, Ziegen-milch-, Schafmilch- etc. Käse; die Labkäse der Kuhmilch werden wieder eingetheilt in Hartkäse und Weichkäse.

Eine vollständige Aufzählung der verschiedenen Käsesorten an der Hand der oben gegebenen Unterscheidungsmerkmale ist theils des Raumes wegen unangebracht, theils auch nicht möglich. Zur ungefähren Orientirung mögen hier aber die wichtigsten Käsearten nach Rohmaterial, Herstellungs-weise und Ursprungsland geordnet aufgezählt werden.

1. Kuhmilchkäse.

A. Labkäse aus Kuhmilch.

a) Hartkäse.

Deutschland: Allgäuer Rundkäse (Schweizer-, Emmenthaler Käse), Tilsiter Käse (fett und halbfett), Holsteinischer Magerkäse (Lederkäse).

Schweiz: Schweizer Käse, Emmenthaler Käse, Greyerzer Käse (Gruyères-Käse), eine Art Emmenthaler, jedoch ziemlich kleiner. Während die Emmenthaler Käse nur fett in den Handel kommen, wird der Greyerzer Käse halbfett, der Schweizer fett, halbfett und mager her-gestellt.

---

[1]) Diese Mittelwerthe können selbstverständlich nicht als Grenzwerthe eine Rolle spielen.

[2]) Deutsche landw. Presse. 1896, S. 869.

Italien: Parmesankäse, halbfetter, harter Käse, der als Reibkäse genossen
wird.
Frankreich: Contal-Käse, etwa 35 cm hoch und ebenso breit im Durch-
messer, verschieden fett.
England: Chester-Käse (fett), Cheddar-Käse (meist fett), Stilton-Käse (fett).
Holland: Edamer-Käse (fett und halbfett), Gouda-Käse (fett und halbfett).

b) Weichkäse.

Deutschland und Belgien: Limburger Käse und dessen Nachahmung, der
Backsteinkäse (fett, halbfett und mager), Remoudau- oder Romadur-
Käse (fett), Münster-Käse[3]).
Frankreich: Brie-Käse, Camembert-Käse, Neufchatel-Käse, ferner die theil-
weise aus Vollmilch, theilweise aus Vollmilch und Rahm hergestellten
frischen Käse Bondon, Fromage de pure crême, Gervais-Käse etc.
Italien: Gorgonzola oder Strachino Gorgonzola, halbfett, fett und mit
Rahm.
England: Cream cheese.

B. Sauermilchkäse aus Kuhmilch.

Deutschland: Kümmelkäse, Topfkäse, Kartoffelkäse, Mainzer Handkäse,
Harzkäse, Kuhkäse, Nieheimer Käse, Dresdener Bierkäse.
Oesterreich: Olmützer Quargeln.
Schweden: Gammelost.

2. Käse aus Schaf-, Ziegen- etc. Milch.

Roquefort-Käse aus Schafmilch, Mecklenburgischer Schafkäse, Are-
nauten-Käse aus Ziegen- und Schafmilch, Ziegenkäse in Deutschland und
anderen Ländern, Rennthierkäse in Schweden und Lappland, Büffelkäse
in Italien.

3. Zigerkäse.

Die Masse dieser Käse besteht hauptsächlich aus Albumin, das sich
ausscheidet, wenn die bei der Labkäserei gewonnene Molke angesäuert
und erhitzt wird. In Frankreich wird der Ziger recuit, in Italien ricotta
genannt.

4. Andere aus Käsereirückständen hergestellte käseähnliche Erzeug-
nisse sind der in Schweden und Norwegen beliebte Mysost, eine braune,
süsslich schmeckende, krümelige Masse in der Form von vierseitigen Prismen,
und der in Oesterreich und namentlich in der Schweiz bereitete Schotten-
sick, eine dem Mysost ähnliche braune Masse.

---

[3]) Nach dem im Oberelsass, in der Nähe von Colmar gelegenen Münster-
thale benannt.

Käsefehler.

Die wichtigsten Käsefehler sind die folgenden:

1. Das Blähen des Käses ist einer der häufigst vorkommenden Käsefehler; es macht sich im Inneren des Käses an der Bohrung, im Aeusseren an der Form des Käses und auch meist am Geschmack desselben bemerkbar. Es ist die Folge des Vorhandenseins einer zu grossen Zahl gasproducirender Mikroorganismen, wobei in den meisten Fällen der Milchzucker das Material liefert[4]).

2. Die sogenannten Gläsler sind Käse ohne Lochung. Sie sind im Geschmack etc. meist normal und haben nur den einen im Handel ins Gewicht fallenden Fehler, dass sie eben ohne Lochung sind.

3. Das Blauwerden der Käse. Es tritt am häufigsten auf bei mageren Backsteinkäsen und ist ebenfalls Folge einer in der Milch enthaltenen Bakterie oder zuweilen auch Folge der Gegenwart von Eisenrost im Käse. Im ersteren Falle greift der Fehler im Käse allmählich immer weiter um sich und wird auch von einem Käse auf den anderen übertragen. Das Auftreten kleiner ultramarinblauer Punkte im Edamer Käse, welches in neuerer Zeit in Holland häufig aufgetreten ist und von Hugo de Vries näher beschrieben wurde, ist Folge einer Bakterie, welche Beyerinck in solchen Käsen gefunden und als Bacillus cyaneofuseus bezeichnet hat[5]).

4. Das Rothwerden der Käse (Bankrothwerden bei den Backsteinkäsen) und ähnliche Färbungen sind nicht minder Erscheinungen, welche durch das Wachsthum bestimmter Pilze (Bakterien oder Schimmelpilze) hervorgerufen werden.

So werden rothe Flecken auf Weichkäsen und auch, wiewohl seltener, auf Hartkäsen erzeugt durch zwei von Adametz aufgefundene „Rothe Käsemikrokokken", ebenso rothe Färbung der Rinde, der äusseren Schichten und selbst des Innern durch eine von Schaffer aufgefundene und von Demme näher beschriebene Torula-Art, Saccharomyces ruber, erzeugt. Milch, welche mit dieser Torula-Art inficirt ist, erregt bei Kindern Erbrechen und Darmkatarrh. Adametz fand ferner auf einem Emmenthaler Käse mit rothbrauner Rinde einen Schimmelpilz, der diese Farbe erzeugt, und auf Weichkäsen mit runden orangegelben bis ziegelrothen Flecken eine Oïdium-Art (Oïdium aurantiacum). Der letztgenannte Pilz wirkt aber auch bei der normalen Reifung der Weichkäse, speciell des Briekäses, mit.

---

[4]) Eine Zusammenstellung der eine starke Gährung in der Milch und demnach eine Blähung im Käse leicht verursachenden Bakterien und Pilze findet sich in:

L. Adametz: Ueber die Ursachen und Erreger der abnormalen Reifungsvorgänge beim Käse. S. 54—55.

[5]) Botan. Ztg. 1891, 49 ff, No. 43 u. 7.

5. Das Schwarzwerden der Käse wird ebenfalls durch Wachsthum bestimmter Pilze verursacht.

Als Ursache dieses Fehlers wurde von Hüppe eine Schimmelhefe (braune oder schwarze Schimmelhefe), von Adametz ein Hyphenpilz, Cladosporium herbarum Link, gefunden. Adametz hält ferner zwei von Wichmann im Quellwasser gefundene braunschwarze Schimmelpilze, sowie einen von ihm ebenfalls aus Quellwasser isolirten schwarzen Rippenschimmel, sowie die von Marpmann aus Milch gezüchtete schwarze Hefe, Saccharomyces niger, eine Torula-Art, und ferner noch das Dematium pullulans für gelegentliche Ursachen der Schwarzfärbung der Käse.

6. Bei überreifen Hart- und Weichkäsen, speciell bei wasserreichen, überreifen, mageren Backsteinkäsen, zeigt sich häufig eine starke Missfärbung der Käsemasse mit Abtönung in's Gelbliche oder Graue. Es darf wohl angenommen werden, dass auch hier nur das Ueberhandnehmen einer bestimmten Pilz- oder Bakterienart die Schuld trägt.

7. Das Bitterwerden der Käse ist eine Erscheinung, welche bei normalem Reifungsprocess zu gewisser Zeit regelmässig eintritt, aber auch bei reifem Käse sich zeigt und als ein Fehler angesehen wird. Dass es sich hierbei um ein durch die Thätigkeit gewisser peptonisirender Bakterien gebildetes peptonartiges Produkt handelt, ist wohl zweifellos. Aus bitterem Käse direkt gezüchtet ist bis jetzt nur ein Pilz, dem diese Eigenschaft bestimmt zugeschrieben werden muss, das ist der von E. von Freudenreich rein gezüchtete Micrococcus casei amari.

8. Weitere Reifungsfehler sind das Weissschmierigsein der Käse, wenn der Käsekeller zu kalt und feucht ist; das Schimmeligwerden, wenn in Folge trockener Luft im Keller die Rinde der Käse spaltet und Schimmelpilze Gelegenheit haben, sich in den Spalten festzusetzen etc.

Das sogenannte Laufendwerden der Weichkäse besteht in einer Verflüssigung der reifen und überreifen Theile durch Einwirkung der Wärme.

Verfälschungen und Verunreinigungen etc. der Käse.

Von Verfälschungen des Käses ist wenig bekannt; sie werden sich in neuerer Zeit wenigstens wohl nur auf Unterschiebung von Margarinekäse gegenüber Naturkäse und auf den Verkauf von mageren oder halbfetten Käsen für Fettkäse beschränken.

Stärkemehlhaltige Zusätze werden theilweise absichtlich zur Herstellung bestimmter Käsesorten gemacht (Kartoffelkäse); zeitweise mögen sie noch hier und da, ebenso wie mineralische Zusätze (Gyps, Kreide etc.) zur Verfälschung verwendet werden.

Ueblich ist bei manchen Käsen das Färben, ähnlich wie bei Butter; die hierzu dienenden Farben sind meist unschädlicher Natur.

Als zufällige Beimengungen sind zu betrachten: Geringe Mengen von Blei, Kupfer und Eisen, herrührend aus den Herstellungsgefässen oder der Verpackung und ferner das sogenannte „Käsegift".

Gesichtspunkte für die chemische Untersuchung des Käses.

1. Feststellung der Art des Käses, ob aus Vollmilch, halbfetter oder magerer Milch hergestellt, durch eine Fettbestimmung oder besser durch eine Fett-, Stickstoff- und eine Trockensubstanz- (Wasser-) Bestimmung und Feststellung des Fettgehaltes der Trockensubstanz und des Verhältnisses von Fett zu Stickstoffsubstanz.

2. Prüfung des Fettes auf Reinheit.

3. Ermittelung eines etwaigen Gehaltes an Stärkemehl, Gyps, Kreide und an Metallen (Kupfer, Blei, Zink).

4. Bestimmung des Reifegrades durch Bestimmung der löslichen Eiweissstoffe, bezw. des löslichen Stickstoffes überhaupt.

Die chemischen Untersuchungsmethoden.

Probenentnahme.

Bei der Probenentnahme ist darauf zu achten, dass der zur Untersuchung gelangende Theil nicht blos der Rinde oder nur der inneren Partie des Käses entstammt, sondern dass er möglichst einem radialen Ausschnitt entspricht. Ganz besonders muss diese Vorsicht geübt werden, wenn es sich um die Untersuchung des Käses auf seine Reifungsprodukte handelt.

Die Versendung der Probe muss entweder in gut gereinigtem, schimmelfreiem und verschliessbarem Glase oder wenigstens in Pergamentpapier eingehüllt geschehen.

Bei kleineren Käsen nimmt man am besten den ganzen Käse in Arbeit.

Harte Käse zerkleinert man auf einer Reibe (wie sie im Haushalte zum Reiben von Kartoffeln, Brot etc. benutzt wird); weiche Käse dagegen werden am besten mittelst des Pistills in einer Reibschale zu einer gleichmässigen Masse verarbeitet.

1. Bestimmung des Wassers.

Die Wasserbestimmung verbindet man am besten mit der Fettbestimmung. Man verfährt nach Fleischmann folgendermaassen:

Man wiegt 2,5—5 g zerkleinerten Käse ab, erwärmt ihn in einem Erlenmeyer-Kölbchen auf 40^0, bringt dasselbe unter die Luftpumpe, um einen Antheil des Wassers zu entfernen, wobei das Erwärmen und

Evakuiren so lange wiederholt wird, bis keine merkliche Gewichtsabnahme mehr eintritt. Darauf digerirt man mehrere Male mit kaltem Aether, die ätherische Lösung jedes Mal durch ein gewogenes, mit Aether extrahirtes Filter giessend, zerdrückt die Masse in einem Schälchen und wäscht sie wiederum mit Aether aus, bringt sie auf das Filter und extrahirt noch mehrere Male mit Aether, dabei auch das Filter auswaschend. Zuletzt bringt man das Filter sammt Käse in einen Extraktionsapparat und extrahirt noch längere Zeit, wobei es sich empfiehlt, die Masse einige Male aus dem Extraktionsapparat herauszunehmen und wieder zu zerkleinern.

Der Rückstand wird sodann bei 100 bis 105° getrocknet, bis konstantes Gewicht eintritt.

Die ätherischen Lösungen werden gesammelt und der Äther in einem gewogenen Kölbchen zur Verdunstung gebracht, das zurückbleibende Fett bei 100—105° getrocknet.

Die Differenz des Gewichtes der ursprünglichen Käsemasse und der entfetteten Trockensubstanz ergiebt die Menge des Wassers plus Menge des Fettes; die Menge des Fettes hiervon abgezogen die Menge des Wassers.

Die Zahlen für Wasser sowohl wie für Fett geben nicht allein diese an, sondern schliessen einige andere Körper mit ein. So verflüchtigen sich bei der Erwärmung des Käses eine Reihe flüchtiger Stoffe mit (freies Ammoniak und andere in geringer Menge vorhandene Zersetzungsprodukte), und durch den Aether werden ausser Fett ebenfalls einige andere in Aether lösliche Stoffe, wie Milchsäure etc., gelöst. In den meisten Fällen ist die Menge derselben wohl nicht besonders in's Gewicht fallend; bei sauren Käsen, speciell bei Sauermilchkäsen, befeuchtet man nach dem Vorschlage Fleischmann's für die Fettbestimmung die Käseprobe mit Sodalösung, bis sie neutral oder ganz schwach alkalisch ist, trocknet dann den Käse und nimmt damit die oben beschriebenen Manipulationen vor.

2. Bestimmung des Fettes.

Zur Bestimmung des Fettes muss der Käse vorher vom Wasser befreit werden. Man verfährt daher entweder

a) nach Fleischmann (siehe vorstehend) oder

b) man bringt 10 g Käsemasse in einen Mörser, auf dessen Boden sich eine entsprechende Menge geglühter Sand befindet, stellt den Mörser einige Stunden in den Trockenschrank, zerreibt darauf die Masse mit Sand, füllt in die übliche Papierhülse, spült die Schale mit Aether aus und extrahirt im Fettextraktionsapparat. Nach 2—3stündiger Extraktion wird der Inhalt der Papierhülse nochmals fein zerrieben und abermals etwa 2 Stunden extrahirt. Nach dem Abdestilliren des Aethers wird der Rückstand wie üblich getrocknet.

c) Soll eine Fettbestimmung allein und zur raschen Orientirung vorgenommen werden, so kann man sich des Gerber'schen Acid-Butyrometers bedienen. Da dem Apparate Gebrauchsanweisungen beigegeben werden, unterbleibt hier die Beschreibung der Methode.

3. Die Bestimmung des Gesammtstickstoffs

geschieht nach Kjeldahl in 1—2 g Käsemasse (vergl. auch Anmerkung S. 3 für grobpulverige Käse).

4. Bestimmung der löslichen Stickstoffverbindungen.

Um die löslichen Bestandtheile aus dem Käse zu gewinnen, benutzt man die fettfreie Trockensubstanz, von der man sich nach dem bei der Wasser- und Fettbestimmung angegebenen Verfahren etwa 10—12 g herstellt. Diese giebt man in einen $1/2$-Literkolben und behandelt sie 15 Stunden bei Zimmertemperatur mit Wasser (oder besser, man verreibt die abgewogene Masse mit Wasser zu einem dünnflüssigen Brei, den man dann in den Kolben giebt und 15 Stunden stehen lässt). Nach 15 stündiger Digestion füllt man den Kolben bis zur Marke an und bestimmt in 50 bis 100 ccm den gesammten löslichen Stickstoff, sowie den Stickstoff der löslichen Eiweisskörper, letzteren dadurch, dass man die mit Schwefelsäure im Ueberschuss angesäuerte Lösung mit Phosphorwolframsäure versetzt, den Niederschlag auf einem Filter sammelt, den Stickstoff nach Kjeldahl bestimmt, und von der so gefundenen Stickstoffmenge den durch Destillation mit Magnesia gefundenen Ammoniakstickstoff in Abzug bringt. Unter Amidstickstoff ist der in Wasser lösliche Stickstoff [minus löslichem Eiweissstickstoff (fällbar durch Phosphorwolframsäure) + Ammoniakstickstoff] zu verstehen.

5. Die Bestimmung der Säure (Milchsäure).

10 g frische Käsemasse werden mehrmals mit Wasser ausgekocht, die Auszüge auf 200 ccm filtrirt und in 100 ccm die Säure mit $1/10$ Normallauge (1 ccm derselben $= 0{,}009$ g Milchsäure) titrirt.

6. Die Bestimmung der Mineralstoffe

geschieht wie üblich durch vorsichtiges Veraschen. In der wässerigen Lösung der Asche oder einem aliquoten Theile derselben bestimmt man die vorhandene Kochsalzmenge durch Titration des Chlors.

7. Die Untersuchung des Käsefettes auf Reinheit.

Soll das Fett des Käses auf seine Reinheit, d. h. daraufhin untersucht werden, ob es reines Butterfett (Milchfett) ist, so muss man eine grössere Menge desselben aus dem Käse darstellen. Dieses geschieht auf einfache, rasche Weise, und zwar, ohne dass das Fett irgendwelche Veränderungen erleidet, nach dem Verfahren von O. Henzold[6] wie folgt:

---

[6] Milchzeitung 1895, S. 729.

Etwa 300—500 g Käse werden in kleine Stücke zerschnitten, auch möglicherweise (namentlich bei Hartkäse) im Mörser etwas zerdrückt und sodann in eine grosse (4—5 Liter fassende) weithalsige Flasche gegeben, mit 700 bezw. 1200 ccm verdünnter Kalilauge (50 g KOH in 1 Liter) versetzt und das Ganze sodann geschüttelt. Der Käse löst sich auf und das Fett buttert innerhalb 5—10 Minuten aus. Das erhaltene Fett wird darauf mehrere Mal mit Wasser durchgeknetet und das Aetzkali völlig ausgewaschen, was leicht und bald gelingt. Darauf wird das Fett ausgeschmolzen und zur Untersuchung verwendet, bei der die bei Butter angegebenen Methoden zur Erkennung von fremden Fetten angewendet werden[7]).

Bakteriologisch-mikroskopische Untersuchung (Nachweis von Käsefehlern).

Die Käsekrankheiten (Käsefehler) lassen sich, sofern sie nicht durch äusserliche Färbung sich kundgeben, nur durch den Nachweis des Erregers mittelst bakteriologisch-mikroskopischer Untersuchung erkennen und feststellen; bezüglich letzterer muss auf die bakteriologischen und milchwirthschaftlichen Sonderwerke verwiesen werden.

Anhaltspunkte für die Beurtheilung.

1. Für den Nachweis von fremden Fetten (Margarinekäse) gelten die für die Beurtheilung des Butterfettes massgebenden Verhältnisse.

2. Für die Erkennung, ob Vollmilch oder Magermilch bezw. Gemische beider zur Herstellung des Käses gedient haben, ist das Verhältniss von Stickstoffsubstanz zum Fett maassgebend; da im Vollmilchkäse (Fettkäse) stets der Fettgehalt höher ist als der Gehalt an Stickstoffsubstanz, so ist Halbfett- oder Magerkäse als vorliegend anzusehen, wenn im fraglichen Käse der Gehalt an Fett geringer ist als an Stickstoffsubstanz. Vergl. S. 73.

3. Als verfälscht sind Käse anzusehen, welche Zusätze von stärkemehlhaltigen Stoffen (Kartoffelbrei und dergl.) erhalten haben, ohne dass dies deutlich bezeichnet ist. An anorganischen Zusätzen darf der Käse nur Kochsalz erhalten.

---

[7]) H. Bremer (Forschungsberichte über Lebensmittel etc. 1897, S. 51) verwirft indess dieses Verfahren ebenso wie das von E. v. Raumer (Zeitschr. f. angew. Chemie 1897, S. 77) als fehlerhaft und empfiehlt 100 g des zerkleinerten Käses mit 200 ccm Wasser oder angesäuertem Wasser (5 Th. verdünnte Schwefelsäure auf 200 ccm Wasser) von 20—30° zu verreiben, einige Zeit stehen zu lassen oder die Masse zu centrifugiren. Die oben abgeschiedene Butter wird abgenommen, mit wenig Wasser gewaschen und geknetet, dann bei nicht zu hoher Temperatur ausgeschmolzen und filtrirt.

4. Die mit Krankheiten (Fehlern) behafteten Käse, wie blauer (No. 3), rother (No. 4), missfarbener (No. 5), und bitterer (No. 7 unter „Käsefehler" S. 75 u. 76) Käse sind als minderwerthig zu bezeichnen.

5. Zur Beurtheilung des Grades der Reife ist zu beachten, dass die verschiedenen genussfähigen Käsesorten und die einzelnen Käse in verschiedenem genussfähigem Reifezustande 5—20% löslichen Amidstickstoff in Procenten des Gesammtstickstoffs zu enthalten pflegen, ohne dass diesen Zahlen der Werth allgemein gültiger Grenzzahlen beigelegt werden kann.

Litteratur:

A. Flückiger. Praktische Anleitung zur Fabrikation von Emmenthaler Käse. Lienisberg. 3. Auflage.

F. Anderegg, Professor. Die Schule des Schweizerkäsers. K. H. Voss Verlag. Bern 1889.

J. Lützen. Die Herstellung der französischen Weichkäse. Bremen 1890.

Ronneberg-Schrodt. Die Herstellung von Emmenthaler und Goudakäsen in Holland. 1888/89.

W. Fleischmann. Lehrbuch der Milchwirthschaft. Bremen. M. Heinsius Nachf. 1893.

W. Kirchner. Handbuch der Milchwirthschaft. Berlin, Paul Parey 1891.

A. Müller. Chemische Untersuchungen auf dem Gebiete der Milchwirthschaft, speciell über Käserei. Landw. Jahrbücher 1872. Bd. I, S. 68 und S. 520.

Manetti und Musso. Ueber die Zusammensetzung und die Reife des Parmesankäses. Landw. Vers.-Stat. 1876. XXI, S. 211.

U. Weidmann. Untersuchungen über die Zusammensetzung und den Reifungsprocess des Emmenthaler Käses. Landw. Jahrbücher 1882. XI, S. 587.

Röse und Schulze. Ueber einige Bestandtheile des Emmenthaler Käses. Landw. Vers.-Stat. 1885. XXXI, S. 115.

Benecke und Schulze. Untersuchungen über den Emmenthaler Käse und über einige andere schweizerische Käsesorten. Landw. Jahrbücher 1887. XVI, S. 317.

R. Krüger. Beiträge zur Herstellung, Zusammensetzung und Reifung camembertartiger Weichkäse. Molk.-Ztg. Hildesheim 1892. VI, S. 237, 249 und 261.

M. Kühn. Untersuchung von Fett- und Magerkäse. Chem. Ztg. 1894. XIX, S. 554, 601, 648.

C. von Muzaközy. Reifegrad- und Fettgehaltsbestimmung im Käse. Zeitschr. f. Nahr. u. Hyg. 1894. VIII, No. 19, S. 266.

St. Bondzynski. Zur Kenntniss der chem. Natur einiger Käsearten. Landw. Jahrb. der Schweiz 1894. VIII, S. 189.

E. Gfäller. Beitrag zur Käseanalyse. Landw. Jahrb. der Schweiz 1895. IX, S. 107.

C. Vaughan. Ein Ptomaïn aus giftigem Käse. Zeitschr. f. physiol. Chem. 1886. X, 146.

C. Vaughan. Ueber die Anwesenheit von Tyrotoxin in giftigem Eis und giftiger Milch und seine wahrscheinliche Beziehung zu Cholera infantum. Arch. f. Hyg. 1887. VII, S. 420.

M. L. Dokkum. Die giftigen Bestandtheile des in Fäulniss übergegangenen Käses. Revue intern. d. falsific. 15/XII, 1894.

A. Stutzer. Die chem. Untersuchung der Käse. Zeitschr. f. analyt. Chem. 1896. XXXV, S. 493.

Speisefette und Oele.

Referent des Ausschusses: **Dr. König.**
Verfasser: **Dr. Sendtner, Dr. Fleischmann.**

Allgemeiner Theil.

Vorbemerkungen.

Bei den Speisefetten und Oelen, soweit sie als Nahrungsmittel in Betracht kommen, besteht ein wesentlicher Unterschied zwischen Butter und Margarine in nicht ausgeschmolzenem Zustande einerseits und den übrigen Speisefetten (Butterschmalz, Schmelzmargarine, Schweineschmalz etc.) andererseits darin, dass jene ausser Fett noch wesentliche Mengen anderer Bestandtheile enthalten, während diese fast ausschliesslich aus Fett bestehen.

Für Speisezwecke finden sowohl Fette des Thierreiches, wie des Pflanzenreiches Verwendung.

Die thierischen Fette bestehen vorwiegend aus den Triglyceriden der Stearin-, Palmitin- und Oelsäure, neben denen sich nur im Butterfett noch erhebliche Mengen von Glyceriden niederer Fettsäuren finden; sie enthalten ausserdem Cholesterin.

Die pflanzlichen Fette enthalten neben den Glyceriden der Stearin- Palmitin- und Oelsäure noch mehr oder weniger Glyceride der Leinölsäure, ferner einzelne Laurinsäure, Myristinsäure, Arachinsäure etc. und einige gleichfalls wesentliche Mengen niederer Fettsäuren, ausserdem Phytosterine in verhältnissmässig grösseren oder geringeren Mengen.

Allgemeine Methoden der Fettuntersuchung.

Die Methoden der Fettuntersuchung lassen im Allgemeinen nicht die Menge eines bestimmten Fettes in einem Fettgemisch oder eines Fettbestandtheiles in einem Fette erkennen, sondern sie kennzeichnen gewisse chemische und physikalische Eigenschaften der Fette oder das Verhältniss einzelner Bestandtheile eines Fettes zu einander, aus denen ein Schluss auf die Art und den Ursprung, sowie die Reinheit des Fettes gezogen werden kann. Der Gehalt eines Fettes an einem fremden Fette lässt sich, sofern es sich nicht um Mischungen aus bereits bekannten Bestandtheilen handelt, in der Regel nur selten, und dann nur annähernd feststellen.

Für sämmtliche im Nachfolgenden beschriebenen Methoden verwendet man das gereinigte, wasserfreie, klare Fett. Feste Fette werden vorher bei möglichst niedriger Temperatur geschmolzen und ebenso wie die flüssigen Fette durch Filtrirpapier filtrirt.

Die hauptsächlichsten Methoden der Fettuntersuchung, welche allgemeine Anwendung finden, sind folgende:

a) Physikalische Methoden.

1. Bestimmung des specifischen Gewichtes.

Die Bestimmung des spec. Gewichtes kann bei den raffinirten Fälschungsmethoden unserer Zeit wegen des geringen Unterschiedes in den spec. Gewichten der in Frage kommenden Fette kaum je ein maassgebendes Urtheil gestatten.

Bei flüssigen Fetten geschieht die Bestimmung des spec. Gewichtes bei 15^0 mittelst des Pyknometers.

Bei festen Fetten bestimmt man meist das spec. Gewicht bei 100^0.

Von den von Königs[1]) und Wolkenhaar[2]) empfohlenen Verfahren der spec. Gewichtsbestimmung auf aräometrischem Wege verdient das letztere den Vorzug. Bezüglich der Ausführung sei bei der geringen Bedeutung der Bestimmung des specifischen Gewichtes auf die Originalabhandlungen verwiesen.

2. Bestimmung des Schmelz- und Erstarrungspunktes.

Ueber die Bedeutung der Bestimmung des Schmelz- und Erstarrungspunktes für den Nachweis von Verfälschungen gilt im Allgemeinen dasselbe, wie über die Bestimmung des specifischen Gewichtes.

Bei flüssigen Fetten bestimmt man vielfach den Schmelz- und Erstarrungspunkt der Fettsäuren, die im Allgemeinen auch bei festen Fetten charakteristischer sind als die der Fette selbst.

Zur Bestimmung des Schmelzpunktes wird das zu prüfende Fett zunächst geschmolzen und filtrirt; von dem klar geschmolzenen Fett werden sodann 1—2 ccm in eine an beiden Enden offene Kapillare von U-Form aufgesaugt, so dass die Fettschicht in beiden Schenkeln gleich hoch steht. Die Kapillare wird nun 24 Stunden auf Eis liegen gelassen, um das Fett völlig zum Erstarren zu bringen. Erst dann ist die Kapillare mit einem geeigneten Thermometer zu verbinden, welches in ein ca. 3 cm im Durchmesser weites Reagensglas, in welchem sich die zur Erwärmung dienende Flüssigkeit (Glycerin) befindet, zu bringen ist. Das Erwärmen muss, um jedes Ueberhitzen zu vermeiden, sehr allmählich geschehen. Der Moment,

---

[1]) Korrespond.-Bl. f. analyt. Chemie 1, S. 3.
[2]) Repert. f. analyt. Chemie 1885, S. 236.

in welchem das Fettsäulchen vollkommen klar und durchsichtig geworden, ist als Schmelzpunkt festzuhalten. Die Kapillaren müssen sehr dünnwandig und dürfen nicht zu eng sein.

Zur Ermittelung des Erstarrungspunktes muss die Quecksilberkugel eines Thermometers ganz in das geschmolzene Fett eintauchen. Man kann für den Zweck eine 2—3 cm hohe Schicht des geschmolzenen, gut durchgemischten Fettes bezw. der Fettsäuren in ein dünnes Reagensgläschen oder Kölbchen bringen und in dasselbe mittels eines Korkes ein Thermometer so einhängen, dass die Kugel desselben ganz von dem flüssigen Fett bezw. den flüssigen Fettsäuren bedeckt ist. Man hängt alsdann das Reagensröhrchen in ein mit 40—50⁰ warmem Wasser gefülltes Becherglas und lässt allmählich erkalten. Die Quecksilbersäule sinkt nach und nach, und bleibt bei einer bestimmten Temperatur eine Zeitlang stehen, um dann weiter zu sinken. Das Fett erstarrt während des Konstantbleibens; die dabei herrschende Temperatur ist der Erstarrungspunkt.

Bei manchen Fetten findet bis zum Anfang des Erstarrens ein Sinken des Thermometers statt, um alsdann während des vollständigen Erstarrens wieder zu steigen. Man betrachtet in diesem Falle die höchste Temperatur, auf welche das Thermometer während des Erstarrens wieder steigt, als den Erstarrungspunkt[3]).

3. Bestimmung des Brechungsindex.

Unter den Methoden zur Ermittelung der physikalischen Eigenschaften der Fette verdient die Bestimmung des Brechungsindex die meiste Beachtung.

Von den hierzu benutzten Apparaten (Refraktometer nach Abbé, Oleorefraktometer von Amagat und Jean, Butterrefraktometer von C. Zeiss) verdient der zuletzt genannte wegen seiner einfachen Handhabung und grösseren Genauigkeit den Vorzug.

Als Vergleichstemperatur wählt man zweckmässig bei Oelen 25⁰ und bei festen Fetten Temperaturen über dem Schmelzpunkt, also etwa 40⁰.

Ueber Einrichtung und Gebrauch des unter Mitwirkung von R. Wollny entstandenen Butterrefraktometers von C. Zeiss ist die jedem Instrument beigegebene Gebrauchsanweisung einzusehen; über dessen Brauchbarkeit haben sich ausser R. Wollny[4]) noch M. Mansfeld[5]) und A. Halenke[6]) des Näheren geäussert.

Neuerdings hat Wollny[7]) speciell für die Prüfung von Butter- und

---

[3]) Vergl. auch Zollamtliche Instruktion für Untersuchung von Talg auf Erstarrungspunkt in Zeitschr. f. analyt. Chem. 1893, Jahrg. *31*, Anhang S. 25.

[4]) Korresp.-Bl. d. Milchwirthschaft. Vereins *39*, S. 15.

[5]) Bericht über die Versammlung bayrischer Chemiker in Lindau 1894, S. 21.

[6]) Bericht über die Versammlung bayrischer Chemiker in Aschaffenburg, S. 44.

[7]) Pharm. Centralh. N. F. XVI, 1895, 433.

Schweinefett ein besonderes Thermometer für diesen Apparat konstruirt, welches die Ablesungen ungemein vereinfacht. Es kommt hierbei vorzugsweise die Differenz nach Grösse und Vorzeichen (±) in Betracht, welche man erhält, wenn man die der Versuchstemperatur zugehörige „höchst zulässige Zahl" (vergl. die Gebrauchsanweisung S. 5) von der im Fernrohr abgelesenen Zahl subtrahirt. In der Grösse der positiven Zahlen erhält man dann zugleich einen direkten Maassstab der Vergleichung für die Stärke des Verdachtes.

Man beschränkt sich also zweckmässig darauf, die genannte Differenz, auf die es allein ankommt, nach Grösse und Vorzeichen anzugeben, womit von selbst die Uebersichtlichkeit der von verschiedenen Beobachtern herrührenden Messungen gegeben ist, ohne dass es hierbei einer bestimmten Normaltemperatur bedarf.

b) Chemische Methoden.

1. Bestimmung des Gehaltes an freien Fettsäuren.

Zur Bestimmung der freien Fettsäuren werden etwa 5—10 g Fett verwendet und nach S. 5 weiter behandelt.

2. Bestimmung der flüchtigen Fettsäuren und der Verseifungszahl.

Die Methoden von Koettstorffer und Reichert-Meissl zur Bestimmung der Verseifungszahl und der flüchtigen Fettsäuren können zweckmässig nach dem Vorschlage von H. Bremer[8]) mit einander in folgender Weise vereinigt werden:

Erforderliche Lösungen.

1. Alkoholische Kalilauge: 20 Theile möglichst blanke Stangen von Aetzkali (Alkoh. dep.) werden in ca. 60 Theilen Alkohol absol. durch anhaltendes Schütteln in verschlossener Flasche gelöst.

Man lässt dann absitzen und giesst die klare obere Lösung durch Glaswolle oder Asbest ab. Nachdem deren Gehalt bestimmt ist, wird sie mit Wasser und Alkohol auf eine Stärke von ca. 1,3 g Kaliumhydroxyd in 10 ccm und einen Alkoholgehalt von ungefähr 70 Volumprocent verdünnt.

2. Alkoholische Normal-Schwefelsäure: Verdünnte Schwefelsäure wird mit Wasser und Alkohol vermischt, so dass eine Normal-Schwefelsäure in 70 volumprocentigem Alkohol erhalten wird.

3. Verdünnte Schwefelsäure (1 Vol. Säure + 10 Vol. Wasser).

4. Phenolphtaleïn in 1%iger alkoholischer Lösung als Indikator.

5. $\frac{1}{10}$-Normalnatronlauge mit Phenolphtaleïn gegen Säure eingestellt.

---

[8]) Forschungsberichte über Lebensmittel etc. 1895, *2*, 431.

Beschreibung des Verfahrens.

Genau 5 g des geschmolzenen, klar filtrirten und gut durchmischten wasserfreien Fettes werden in einen starkwandigen Schott'schen Kolben von ca. 300 ccm Inhalt gewogen, dann mit einer genau geaichten Pipette 10 ccm der Lösung 1 mit der Vorsicht hinzugemessen, dass man nach Ablauf von nahezu 10 ccm erst 1 bis 2 Minuten wartet, ehe man auf den Ablaufstrich genau einstellt. Der Kolben wird sodann mit einem 1 m langen, ziemlich weiten Kühlrohr versehen, welches oben durch ein Bunsen'sches Ventil abgeschlossen ist, und auf das siedende Wasserbad gebracht.

Sobald der Alkohol in das Kühlrohr destillirt und die ersten Tropfen zurücklaufen, schwenkt man den Kolben über dem Wasserbad kräftig, jedoch unter Vermeidung des Verspritzens an den Kühlrohrverschluss, solange um, bis eine homogene Lösung entstanden ist. Dann setzt man den Kolben noch mindestens 5, höchstens 10 Minuten lang auf das Wasserbad, schwenkt während dieser Zeit noch einigemale gelinde um und hebt dann den Kolben vom Wasserbade. Nachdem der Kolbeninhalt soweit erkaltet ist, dass kein Alkohol mehr aus dem Kühlrohr zurücktropft, lässt man durch das Bunsenventil Luft eintreten, nimmt das Kühlrohr ab und titrirt sofort nach Zusatz von 3 Tropfen Phenolphtaleïn mit Lösung 2 bis zur rothgelben Farbe.

Dann setzt man noch 0,5 ccm Phenolphtaleïnlösung zu und titrirt mit einigen Tropfen der Lösung 2 scharf bis zur rein gelben Farbe. Die verbrauchten ccm Schwefelsäure werden abgezogen von der in einem blinden Versuche für 10 ccm Lauge ermittelten Säuremenge, und die Differenz durch Multiplikation mit $(0,2 \times 56) = 11,2$ auf die Verseifungszahl umgerechnet.

Beispiele: 10 ccm Lösung 1 $=$ 22,80 ccm Lösung 2.

α) 5,0 g Butterfett zurücktitrirt mit 2,95 ccm Lösung 2.

$$\begin{array}{r} \text{Somit } 22,80 \\ - \ 2,95 \\ \hline 19,85 \end{array}$$
und $19,85 \times 11,2 = 222,32$ Verseifungszahl.

β) 5,0 g Margarine zurücktitrirt mit 5,10 ccm Lösung 2.

$$\begin{array}{r} \text{Somit } 22,80 \\ - \ 5,10 \\ \hline 17,70 \end{array}$$
und $17,7 \times 11,2 = 198,24$ Verseifungszahl.

Zu dem Kolbeninhalte werden dann ca. 10 Tropfen der Lösung 1 hinzugegeben und der Alkohol im Wasserbade zuerst unter Schütteln des Kolbens, schliesslich durch Einblasen von Luft in möglichst kurzer Zeit vollständig verjagt. Die trockene Seife wird in 100 ccm kohlensäurefreiem Wasser unter Erwärmen gelöst, dann auf etwa 50° abgekühlt; nach Zusatz von einigen Bimssteinstückchen werden sodann 40 ccm der Lösung 3 hinzugegeben. Der Kolben wird nun sofort mittels eines schwanenhalsförmig gebogenen Glasrohres (von 20 cm Höhe und 6 mm lichter Weite), welches an beiden Enden stark abgeschrägt ist, mit einem Kühler (Länge nicht unter 50 cm) verbunden, wobei der Kolben auf ein doppeltes Drahtnetz zu stehen kommt, und werden genau 110 ccm abdestillirt. Abpipettirte 100 ccm des filtrirten Destillates werden mit $^1/_{10}$-Normallauge und Phenolphtaleïn titrirt, die gefundene Menge wird mit 1,1 multiplicirt, und davon die in einem blinden Versuche gefundene Menge abgezogen.

Für den blinden Versuch werden 10 ccm Lösung 1 mit soviel verdünnter Schwefelsäure versetzt, dass ungefähr eine gleiche Menge Kali wie bei der Fettverseifung durchschnittlich ungebunden bleibt; sonst wird wie beim Hauptversuch verfahren.

3. Bestimmung des Jodadditionsvermögens oder der Jodzahl der Fette nach von Hübl[9]).

Die Methode beruht auf der Addition von Jod durch die ungesättigten Fettsäuren und zwar addiren die Fettsäuren

der Stearinsäure-Reihe 0 Atome Jod
- Oelsäure- - 2 - -
- Leinölsäure- - 4 - - etc.

Die Jodzahl drückt die von einem Fette absorbirte Jodmenge in Procenten des angewandten Fettes aus.

Da sich bei dieser Methode die geringsten Versuchsfehler ausserordentlich multipliciren — die geringsten Ablesungsfehler können die Jodzahlen um 0,5—1% verschieben —, ist peinlich genaues Arbeiten erforderlich. Zum Abmessen der Lösungen sind genau kalibrirte Pipetten und Büretten zu benutzen und für eine Lösung ist stets dasselbe Messinstrument anzuwenden.

Erforderliche Lösungen.

1. Jodlösung. Es werden einerseits 25 g Jod, andererseits 30 g Quecksilberchlorid in je 500 ccm 95%igem, fuselfreiem Alkohol gelöst, letztere Lösung, wenn nöthig, filtrirt und beide Lösungen getrennt aufbewahrt. Die Mischung beider Lösungen für jeden Versuch erfolgt zu gleichen Theilen und soll mindestens 48 Stunden vor dem Gebrauch stattfinden.

2. Natriumthiosulfatlösung. Sie enthält im Liter ca. 25 g des Salzes. Die bequemste Methode zur Titerstellung ist die Volhard'sche: 3,8740 g wiederholt umkrystallisirtes und nach Volhard's Angabe geschmolzenes Kaliumbichromat löst man zum Liter auf.

Man giebt 15 ccm einer 10%igen Jodkaliumlösung in ein dünn-

<hr>

[9]) Dingler's polyt. Journ. 253, S. 281; ferner insbesondere die neuesten Arbeiten von E. Dieterich, Helfenberger Annalen 1891, S. 15, vergl. auch Zeitschr. f. analyt. Chem. 1886, Bd. 25, S. 431 und H. Bremer, Forschungsber. über Lebensmittel etc. I, S. 318.

wandiges Stöpselglas[10]), säuert mit 5 ccm koncentrirter Salzsäure an und verdünnt mit 100 ccm Wasser. Unter tüchtigem Umschütteln bringt man hierauf 20 ccm der Bichromatlösung hinzu. Jeder ccm derselben macht genau 0,01 g Jod frei. Man lässt nun unter Umschütteln von der Thiosulfatlösung zufliessen, wodurch die Anfangs stark braune Lösung immer heller wird, setzt, wenn sie nur noch weingelb ist, etwas Stärkelösung zu und lässt unter jeweiligem, kräftigem Schütteln noch soviel Thiosulfat vorsichtig zufliessen, bis der letzte Tropfen die Blaufärbung der Jodstärke eben zum Verschwinden bringt. Die Bichromatlösung lässt sich lange unverändert aufbewahren und ist so stets zur Kontrole des Titers der Thiosulfatlösung vorräthig, welcher besonders im Sommer öfters neu festzustellen ist.

Berechnung: Da 20 ccm der Bichromatlösung 0,2 g Jod freimachen, wird die gleiche Menge Jod von der verbrauchten Anzahl ccm Thiosulfatlösung gebunden. Daraus berechnet man, wieviel Jod 1 ccm Thiosulfatlösung entspricht. Die erhaltene Zahl, den Koefficienten für Jod, bringt man bei allen folgenden Versuchen in Rechnung.

3. Chloroform; am besten eigens gereinigt.

4. 10%ige Jodkaliumlösung.

5. Stärkelösung: Man erhitzt eine Messerspitze voll löslicher — nach Zulkowsky[11]) bereiteter — Stärke in etwas destillirtem Wasser; einige Tropfen der unfiltrirten Lösung genügen für jeden Versuch.

Ausführung der von Hübl'schen Jodadditionsmethode.

Man bringt von trocknenden Oelen (z. B. Mohnöl) 0,15—0,18 g, von nichttrocknenden 0,3—0,4 g, von festen Fetten 0,8—1 g in das oben beschriebene Stöpselglas, löst in 15 ccm Chloroform und lässt 30 ccm Jodlösung zufliessen, wobei man die Pipette bei jedem Versuch in genau gleicher Weise entleert. Sollte die Flüssigkeit nach dem Umschwenken nicht völlig klar sein, so wird noch etwas Chloroform hinzugefügt. Tritt binnen kurzer Zeit fast vollständige Entfärbung der Flüssigkeit ein, so muss man noch Jodlösung zugeben. Die Jodmenge muss so gross sein, dass noch nach $1\frac{1}{2}$—2 Stunden die Flüssigkeit stark braun gefärbt erscheint. Nach dieser Zeit ist die Reaktion bei nichttrocknenden Oelen, sowie bei festen Fetten wie Rindsfett, Schweinefett, Kokosöl beendet; bei trocknenden Oelen ist 18stündige Einwirkungszeit erforderlich. Man operirt am besten bei Temperaturen von 15—18°, vor Einwirkung direkten Sonnenlichtes geschützt.

Man versetzt dann mit 15 ccm Jodkaliumlösung, schwenkt um und

---

[10]) Nach R. Sendtner's Angaben von Joh. Greiner in München zu beziehen. Dieselben fassen 270 ccm und haben als Verschluss eingeschliffene Glasstöpsel. Sie ermöglichen infolge ihres geringen Gewichtes (40—50 g) und Umfanges das genaue Abwägen auf jeder analytischen Wage.

[11]) Berichte d. deutsch. chem. Gesellschaft, XIII, 1395.

fügt 100 ccm Wasser zu. Scheidet sich hierbei ein rother Niederschlag aus, so war die zugesetzte Menge Jodkalium ungenügend, doch kann man diesen Fehler durch nachträglichen Zusatz von Jodkalium verbessern. Man lässt nun unter oftmaligem Schütteln so lange Thiosulfatlösung zufliessen, bis die wässerige Flüssigkeit und die Chloroformschicht nur mehr schwach gefärbt sind. Jetzt wird etwas Stärkelösung zugegeben und zu Ende titrirt.

Mit jeder Versuchsreihe ist ein sogenannter blinder Versuch, d. h. ein solcher ohne Anwendung eines Fettes zur Prüfung der Reinheit der Reagentien (namentlich auch des Chloroforms) und zur Feststellung des Titers der Jodlösung zu verbinden. Bei längerer als 2stündiger Einwirkungsdauer, also bei trocknenden Oelen, ist die Bestimmung des Jodgehaltes der Hübl'schen Lösung sowohl bei Beginn des Versuchs als auch am Ende der Einwirkung nach 18 Stunden auszuführen, da innerhalb so langer Zeit eine merkliche Abnahme des Titers der Jodlösung stattfinden kann.

Nach H. Bremer genügen in der Regel 10 % Jodüberschuss vollkommen, nur bei trocknenden Oelen empfiehlt sich ein solcher von 30 % der absorbirten Jodmenge.

Bei der Berechnung der Jodzahl ist der für den blinden Versuch nöthige Verbrauch in Abzug zu bringen. Bei trocknenden Oelen, wo der blinde Versuch vor und nach der Einwirkung der Jodlösung auszuführen ist, erfolgt die Berechnung des wirklich vom Fett absorbirten Jodes nach E. Dieterich's Angaben (vergl. Anm. 9, S. 87).

4. Bestimmung der unlöslichen Fettsäuren[12]).
(Hehner'sche Zahl.)

Die Hehner'sche Zahl giebt die Ausbeute an unlöslichen Fettsäuren an, welche 100 Theile Fett liefern. Dieselbe besitzt jedoch nur bei groben Fälschungen von Butter einigen Werth.

5. Bestimmung der unverseifbaren Bestandtheile der Fette.

Zum Nachweise der unverseifbaren Bestandtheile eines Fettes werden 10 g desselben in einer Schale mit 5 g Kalihydrat und 50 ccm Alkohol verseift, die alkoholische Lösung mit dem gleichen Volumen Wasser verdünnt und mit Petroleumäther ausgeschüttelt. Der mit Wasser gewaschene Petroleumäther wird verdunstet, der Rückstand gewogen und zweckmässig nochmals in gleicher Weise behandelt.

6. Nachweis von Harzöl in fetten Oelen durch Polarisation.

Zum Nachweise von Harzöl dient neben anderen Methoden (Bestimmung von Jod- und Verseifungszahl) auch die Polarisation, welche man mit dem natürlichen Oel oder in bestimmter Verdünnung mit Petroläther

---

[12]) Zeitschr. f. analyt. Chem. 1877, *16*, S. 145.

vornimmt. Die Harzöle drehen im 200 mm-Rohr im Halbschattenapparate mit Kreisgradtheilung 30—40° rechts, während die Drehung aller fetten Oele des Thier- und Pflanzenreiches zwischen ± 1° schwankt.

7. Nachweis des Phytosterins zur Unterscheidung der Pflanzenöle von thierischen Fetten (Schweineschmalz, Leberthran etc.).

Nach E. Salkowski[13]) kann das Vorkommen von Cholesterin in den thierischen Fetten wie in dem Leberthran gegenüber dem isomeren Phytosterin in den Pflanzenölen zur Unterscheidung und zum Nachweis von Verfälschungen des Schweineschmalzes und des Leberthrans mit letzteren dienen. Das Cholesterin erstarrt aus einer gesättigten alkoholischen Lösung zu einem Brei von Krystallen (rhombischen Tafeln), das Phytosterin bildet büschelförmig gruppirte Nadeln bezw. längliche Tafeln. Der Schmelzpunkt des ersteren liegt bei 146° bis 147°, der des Phytosterins bei 133 bis 136°.

Zur Gewinnung dieser Bestandtheile verfährt man wie folgt: Zu 50 g Fett in einem Kolben setzt man 20 g Kalihydrat, ebensoviel Wasser und wenn sich das Kalihydrat gelöst hat, 50 ccm Alkohol; man erwärmt so lange auf dem Wasserbade, bis vollständige Verseifung eingetreten ist, verdünnt mit Wasser auf 1000—1200 ccm und schüttelt dann in einem grossen Scheidetrichter mit 500 ccm Aether durch. Der Aether wird nach dem Absetzen — dasselbe kann durch Zusatz von etwas ($\frac{1}{5}$) Alkohol gefördert werden — von der wässerigen Flüssigkeit getrennt, wenn nöthig durch ein trockenes Filter filtrirt, verdunstet, der Rückstand, welcher fast stets noch etwas unverseiftes Fett enthält, nochmals mit alkoholischer Kalilauge erwärmt und die wässerige Lösung wiederum mit wenig Aether geschüttelt. Nachdem die alkalische Lösung aus dem Scheidetrichter abgelassen ist, wird der Aether zur vollständigen Entfernung von aufgenommener Seife mehrmals mit Wasser durchgeschüttelt, der Aetherauszug schliesslich verdunsten gelassen (event. destillirt), der Rückstand in heissem Alkohol gelöst, letzterer bis auf 1—2 ccm verdunstet, die beim Erkalten sich bildende Krystallmasse auf eine poröse Thonplatte ausgebreitet und davon nach einigem Trocknen direkt der Schmelzpunkt bestimmt.

Bei reinem Leberthran fand E. Salkowski den Schmelzpunkt der Krystallmasse zu 146° (dem Schmelzpunkt des Cholesterins), bei mit 20 % Rüböl oder Leinöl oder Baumwollsaatöl verfälschtem Leberthran zu 139—140° (also in der Mitte zwischen dem Schmelzpunkt des Cholesterins und Phytosterins liegend).

Das Phytosterin, in Chloroform gelöst, giebt mit Schwefelsäure dieselbe Reaktion wie Cholesterin, nur ist bei letzterem die Lösung mehr kirschroth, bei ersterem mehr blauroth.

---

13) Zeitschr. f. analyt. Chemie 1887, Bd. 26, S. 557.

Nach Forster und Riechelmann kann man die zu verseifende Menge auch in der Weise an Phytosterin bezw. Cholesterin anreichern, dass man 50 g Fett 2 mal mit je 75 ccm 95—96 %igem Alkohol am Rückflusskühler unter häufigem Schütteln je 5 Minuten lang kocht, das Fett durch rasches Abkühlen zur Ausscheidung bringt, den überstehenden Alkohol abfiltrirt, das alkoholische Filtrat mit 15 ccm 50 %iger Natronlauge versetzt, am Rückflusskühler verseift und die Seife nach Entfernung des Alkohols mit Aether wie vorhin auszieht.

Die Untersuchung und Beurtheilung der verschiedenen Speisefette und Oele.

I. Butter und Butterschmalz.

a) Vorbemerkungen.

Butter ist das erstarrte, aus der Milch abgeschiedene Fett, welchem rund 15 % süsse oder saure Magermilch in gleichmässiger und feinster Vertheilung beigemischt sind.

Der Hauptbestandtheil der Butter ist das der Kuhmilch entstammende Fett.

Das Butterfett unterscheidet sich wesentlich dadurch von anderen thierischen Fetten, dass es neben den Glyceriden der höheren Fettsäuren (Oel-, Palmitin- und Stearinsäure) auch eine grössere Menge von Glyceriden der niederen, flüchtigen Fettsäuren (Buttersäure, Capron-, Capryl- und Caprinsäure etc.) enthält.

Die mittlere Zusammensetzung der Butter ist folgende:

Fett	Wasser	Kaseïn	Milchzucker	Milchsäure	Mineralstoffe[14]
84,39	13,59	0,74	0,5	0,12	0,66.

Je nach der Bereitungsweise unterscheidet man Butter aus süssem und solche aus saurem Rahm; je nach Jahreszeit und Fütterungsweise Winterbutter und Grasbutter; je nach der Qualität Tafelbutter, Bauern- oder Landbutter, Faktoreibutter u. s. w.

Um eine grössere Haltbarkeit des Butterfettes zu erzielen, wird die Butter häufig durch Schmelzen von Wasser, Kaseïn, Milchzucker und Salzen befreit; die Butter wird, wie man zu sagen pflegt, ausgelassen.

Das durch Schmelzen der Butter von den Milchbestandtheilen getrennte klare Fett bildet erkaltet das Butterschmalz, die Schmalz- oder Schmelzbutter, in Süddeutschland Rindsschmalz, auch einfach Schmalz genannt.

Der Zusatz von Kochsalz zur Butter, den man in Süddeutschland

---

[14] Bei der Mittelwerthberechnung der Mineralstoffe sind nur Butterproben mit höchstens 2 % Kochsalz berücksichtigt worden.

nicht kennt, ist in Mittel- und Norddeutschland fast allgemein üblich und, sofern er sich in mässigen Grenzen hält, nicht zu rügen.

Um der Winterbutter, welche nahezu weiss ist, die Farbe der gelben Sommer- (Gras-) Butter zu geben, ist eine Färbung derselben vielfach gebräuchlich.

Durch fehlerhafte Darstellung oder Aufbewahrung kann die Butter leicht verderben.

Mangelhaftes Auskneten der Butter, d. h. ungenügende Entfernung der Buttermilch, lässt dieselbe rasch in Zersetzung übergehen, die sich insbesondere in der Zunahme des Gehaltes an freien Fettsäuren äussert. Ferner bewirkt Aufbewahrung in unreinen Gefässen, Zutritt von Luft und Licht das schnelle Ranzigwerden und das Talgigwerden der Butter. Durch die Thätigkeit niederster Organismen entstehen Fehler im Geschmack, Geruch und Aussehen der Butter (verschimmelte und rothe Butter u. s. w.).

b) Die Verfälschungen der Butter.

Die hauptsächlichsten Verfälschungen der Butter sind:
1. absichtliche Erhöhung des Wasser- oder Salzgehaltes der Butter,
2. Ersatz des Butterfettes durch andere, minderwerthige Fette thierischen oder pflanzlichen Ursprungs,
3. Zusätze von Konservirungsmitteln, wie Borsäure, Salicylsäure, Formaldehyd etc.

Ein Zusatz von gewichtsvermehrenden Mineralbestandtheilen oder von Mehl und dergl. dürfte im Allgemeinen nur selten vorkommen; dasselbe gilt von der Verwendung giftiger Farben zum Färben der Butter.

Für das Butterschmalz kommt als Verfälschung fast ausschliesslich der Zusatz von fremden Fetten in Betracht.

c) Die Probenahme.

1. Die Entnahme der Proben hat von Seiten des visitirenden Beamten an verschiedenen Stellen des verdächtigen Vorrathes zu erfolgen, und zwar von der Oberfläche, vom Boden und aus der Mitte. Vortrefflich eignen sich hierzu Stechbohrer aus Stahl (etwa 56 cm lang), wie solche in Hamburg gebräuchlich sind. Die Menge soll nicht unter 100 g betragen.

2. Die einzelnen entnommenen Proben sind mit den Handelsbezeichnungen (z. B. Dauerbutter, Tafelbutter etc.) zu versehen.

3. Aufzubewahren, bezw. zu versenden ist die Probe in sorgfältig gereinigten Gefässen von Porzellan, glasirtem Thon, Steingut (Salbentöpfe der Apotheker) oder von Glas, welche sofort möglichst luft- und lichtdicht, mit Pergamentpapier, Glas-, Holz- oder Korkstöpseln zu verschliessen sind. Unzulässig ist Papierumhüllung. Die Versendung geschehe ohne Verzug. Insbesondere für die Beurtheilung einer Butter (überhaupt jedes Fettes) auf Grund des Säuregrades ist jede Verzögerung, ungeeignete Aufbewahrung sowie Unreinlichkeit von Belang.

d) Gesichtspunkte für die Untersuchung der Butter.

Die vom Nahrungsmittelchemiker vorzunehmende Untersuchung der Butter kann sich erstrecken auf:

1. **Die Ermittelung der Zusammensetzung** d. h. auf die Bestimmung von Wasser, Fett, Kaseïn, Milchzucker und Salzen.

Hieraus ergiebt sich die Erkennung eines zu hohen Gehaltes an Wasser, Kochsalz, bezw. eines zu geringen an Milchfett, sowie eines Gehaltes an fremden Zusätzen (Mineralstoffe, Mehl etc.).

2. **Den Nachweis fremder Fette.**

Dieser kann durch folgende Verfahren erfolgen, nämlich durch die Bestimmung

a) der Reichert-Meissl'schen und der Koettstorfer'schen Zahl, bezw. die Vereinigung beider Methoden nach H. Bremer (S. 85),

b) des Brechungsindex (S. 84),

c) des spec. Gewichtes, des Schmelzpunktes etc. (S. 83).

Zu diesen Methoden ist Folgendes zu bemerken:

Die Bestimmungen der unter *c)* genannten Grössen können nur zur Erkennung sehr grober Fälschungen dienen, sie haben daher für die raffinirten Fälschungen der Jetztzeit keine Bedeutung.

Die Bestimmung des Brechungsindex oder der sog. Refraktometergrade lässt die Untersuchung einer grossen Zahl von Proben in kurzer Zeit zu und hat insofern namentlich für die Marktkontrole grossen Werth, als sie leicht gestattet, verdächtige Proben von unverdächtigen zu unterscheiden.

Bei Ermittelung des Brechungsindex werden bei Anwendung des Butterrefraktometers von C. Zeiss alle jene Butterproben, welche eine positive (+) Differenz ergeben, unbedingt für die exakte chemische Untersuchung auszuscheiden sein. Indess ist es rathsam, auch bei geringen negativen (—) Differenzen nicht ohne Weiteres die Prüfung nach Reichert-Meissl fallen zu lassen.

3. **Den Nachweis von Konservirungsmitteln**; derselbe erfolgt, abgesehen von der Anwendung entsprechend geringerer Substanzmengen, nach den im Abschnitt „Nachweis von Konservirungsmitteln" angegebenen Methoden; dabei ist auf die dort angegebenen Konservirungsmittel Rücksicht zu nehmen.

4. **Den Nachweis fremder Farbstoffe.**

5. **Den Nachweis der Verdorbenheit.**

Hierzu dienen

a) die Bestimmung des Säuregrades und der Nachweis der Ranzigkeit. Die Bestimmung des Säuregrades nimmt man entweder am Butterfette oder bei der Butter selbst vor.

b) Die mikroskopische Prüfung (Nachweis von Schimmelpilzen, Hefen, Bakterien etc.).

e) Die Untersuchungsmethoden der Butter [15].

1. Methoden zur Ermittelung der Zusammensetzung der Butter.

a) Wasserbestimmung.

Zur Ermittelung des Wassergehaltes eignen sich vorzugsweise Vakuum-apparate und der Trockenapparat nach Fr. Soxhlet mit Glycerinfüllung; 5 g Butter, die von möglichst vielen Stellen des Stückes zu entnehmen sind, werden auf der am besten mit feingepulvertem, ausgeglühtem Bimstein bedeckten, tarirten, flachen Schale dieses Apparates abgewogen, indem man mit einem blanken Messer, ohne Anwendung starken Druckes, dünne Scheiben vom ganzen Stück abtrennend, diese über dem Schalenrand ab-streift; hierbei ist für möglichst gleichförmige Vertheilung Sorge zu tragen. Nach einer Viertelstunde wird die im Trockenschrank erfolgte Gewichts-abnahme festgestellt; eine zweite und dritte Kontróle erfolgt nach je weiteren 10 Minuten. In der Regel ist nach 25 Minuten keine Gewichts-abnahme mehr zu bemerken; zu langes Trocknen ist zu vermeiden, da alsdann durch Oxydation des Fettes wieder Gewichtszunahme eintritt.

b) Bestimmung von Kaseïn, Milchzucker und Salzen.

5—10 g Butter werden in einem Becherglase unter häufigem Um-schütteln etwa 6 Stunden im Trockenschranke bei 100—105° C. vom grössten Theile des Wassers befreit; nach dem Erkalten wird das Fett mit etwas absol. Alkohol und Aether gelöst, der Rückstand durch ein vorher tarirtes Filter filtrirt und mit Aether hinreichend nachgewaschen.

Der getrocknete und gewogene Filterinhalt ergiebt die Menge des wasserfreien Nichtfettes (Kaseïn + Milchzucker + Salze); er wird bei mög-lichst niedriger Temperatur verascht (unter Ausziehen mit Wasser) und liefert so die Menge der Salze; diese von der Gesammtmenge von Kaseïn + Milchzucker + Salzen abgezogen, ergeben die Menge des sogenannten „organischen Nichtfettes" (Kaseïn + Milchzucker).

Zur Bestimmung des Kochsalzes wird die Asche mit Wasser ausge-laugt und das vorhandene Chlor nöthigenfalls in einem aliquoten Theile der Lösung gewichts- oder maassanalytisch bestimmt.

Aus einer zweiten, etwa gleich grossen Menge Butter wird mit Alkohol und Aether die Hauptmenge des Fettes durch Abfiltriren durch ein schwedi-sches Filter entfernt und Filter nebst Inhalt nach Kjeldahl verbrannt. Der gefundene Stickstoff, mit 6,37 multiplicirt, ergiebt die Menge des vor-handenen Kaseïns.

---

[15] In diesem Kapitel finden nur diejenigen Methoden Platz, die nicht be-reits oben (S. 82—90) unter den allgemeinen Untersuchungsmethoden beschrieben sind. Soweit letztere für die Beurtheilung der Butter massgebend sind, ist in dem vorigen Abschnitt (Gesichtspunkte für die Untersuchung) auf jenes Kapitel verwiesen.

Den Milchzucker berechnet man meist aus der Differenz von (Kaseïn + Milchzucker + Salzen) und den einzeln ermittelten Mengen von (Kaseïn + Salzen).

c) Die Bestimmung des Fettes.

Der Fettgehalt der Butter kann bestimmt werden:

1. **Indirekt**; durch Subtraktion des Gehaltes an (Wasser + Kaseïn + Milchzucker + Salzen) von 100.

2. **Direkt**; und zwar

α) durch Eindampfen eines aliquoten Theiles der bei der Bestimmung von (Kaseïn + Milchzucker + Salzen) nach b (vorstehend) erhaltenen, auf ein bestimmtes Volumen aufgefüllten Fett-Lösung,

β) oder man verfährt folgendermaassen:

5 g Butter werden in einer Porzellanschale geschmolzen und mit 20 g Gips gemischt, dann 6 Stunden lang bei ca. 100° C. getrocknet und das nach dem Erkalten erhaltene trockene Pulver mit absolutem Aether im Extraktionsapparate bis zur Erschöpfung extrahirt.

2. Bestimmung des Säuregrades.

Die auf ihren Säuregrad zu prüfende Butter darf vorher nur wenig über ihren Schmelzpunkt erwärmt werden. In der Regel ermittelt man den Säuregrad des Butterfettes; man hat dieses daher zuerst zu isoliren und verfährt alsdann nach S. 5.

Bei der Butter kann es aber auch empfehlenswerth sein, nicht blos den Gehalt des Butterfettes an freien Säuren zu ermitteln, sondern auch denselben für die ganze unausgeschmolzene Butter festzustellen, da ein Theil der freien Säuren sehr wohl im Wasser der Butter gelöst sein kann; es würde also das erstere Verfahren nicht selten falsche Anhaltspunkte für den wahren Gehalt einer Butter an freien Säuren geben. An Stelle des Aethers müsste dann ein Gemisch aus gleichen Theilen Alkohol und Aether treten.

3. Mikroskopische und hygienische Prüfung der Butter.

Schimmelige Butter ist stets mikroskopisch zu untersuchen. Am besten eignet sich hierzu der nach dem Schmelzen und Filtriren bleibende Rückstand. Zu beachten ist, ob die Schimmelvegetation blos an der Oberfläche vorkommt, oder ob schon das Innere der Butter davon ergriffen ist.

Rothe Butter, wie solche wiederholt beobachtet wurde, wäre auf die Gegenwart von Rosahefe zu prüfen. Auch grüne, Algen enthaltende Butter wurde schon beobachtet. Für die bakteriologisch-hygienische Prüfung der Butter (Nachweis von Krankheitskeimeu und Butterfehlern, soweit sie Bakterien ihre Entstehung verdanken) sind die unter Milch aufgeführten Gesichtspunkte massgebend.

4. Nachweis fremder Farbstoffe.

Die Gegenwart fremder Farbstoffe erkennt man durch Schütteln der geschmolzenen Butter mit absolutem Alkohol oder Petroläther vom spec. Gew. 0,638. Naturbutter ertheilt denselben keine oder eine schwach gelbliche Färbung, während sich bei gefärbter Butter diese deutlich gelb färben. Zur näheren Prüfung der Natur des künstlichen Farbstoffes sind die Verfahren von Stebbins[16]) und Leeds[17]) empfehlenswerth. Vor allem kommen Kurkuma, Orlean und Safran in Betracht. Theerfarbstoffe, wie Dinitrokresolkalium u. s. w., kommen seltener in Anwendung.

f) Anhaltspunkte für die Beurtheilung von Butter und Butterschmalz.

Für die Beurtheilung von Butter und Butterschmalz gelten folgende Anhaltspunkte:

a) Zusammensetzung der Butter: Marktfähige Butter soll mindestens 80% Milchfett enthalten. Der Gehalt an Kochsalz soll 2% nicht übersteigen.

Butter mit geringerem Fett- und höherem Kochsalzgehalt ist vom Verkehr auszuschliessen; mineralische Beimengungen ausser Kochsalz und solche von Mehl, Kartoffelbrei, Käsemasse und dergl. sind als Verfälschungen zu beanstanden.

b) Nachweis fremder Fette. (Zusatz von Margarine zur Butter.) Der Zusatz fremder Fette zur Butter oder zum Butterschmalz[18]) ist als Verfälschung zu beanstanden.

Wie schon oben hervorgehoben wurde, sind für die Beurtheilung des Butterfettes auf Reinheit vorwiegend die Zahlen der kombinirten Reichert-Meissl'schen und Köttstörfer'schen Methoden massgebend. Es beträgt im Allgemeinen bei reinem Butterfett die Reichert-Meissl'sche Zahl 26—32 ccm, die Köttstorfer'sche Verseifungszahl 222—232 mg.

Da der Gehalt des Butterfettes an flüchtigen Fettsäuren von mancherlei Umständen (namentlich von dem Futter, dann von der Rasse, Laktation der Kühe, Art der Zubereitung der Butter etc.) abhängig ist, so ist bei der Beurtheilung der Reinheit des Butterfettes grosse Vorsicht erforderlich. Hierbei ist zu beachten, dass die Verhältnisse in Süddeutschland, insbesondere in Bayern, anders liegen als in Mittel- und Norddeutschland. Während dort der Handel mit frischer Butter zurückbleibt hinter jenem

---

[16]) Stebbins, siehe Benedikt, Analyse d. Fette, II. Aufl., 1892, S. 397.

[17]) Leeds, ebenda S. 398.

[18]) Die mit Inkrafttreten des Margarinegesetzes anfangs bestehenden Zweifel, ob der Absatz 1 des § 2 nur die im Verkehr gebräuchliche Streichbutter, oder aber auch das von allen zur Essbutter noch sonst gehörigen Bestandtheilen befreite eigentliche Butterfett, das Rindsschmalz, umfasse, wurden durch Entscheidung des Reichsgerichts vom 28. Oktober 1889 in letzterem Sinne entschieden.

mit ausgelassener Butter, d. h. Rindsschmalz, herrscht hier der Handel mit frischer Butter, d. h. Streichbutter, vor.

Da die innige Vermischung von Butter mit Margarine (die in Nord- und Mitteldeutschland häufigste Verfälschungsart) verhältnissmässig grosse Schwierigkeiten bereitet und meist maschinelle Einrichtungen erfordert, so treten diese Verfälschungen an Zahl im Allgemeinen zurück gegen die Verfälschung von Butterschmalz mit fremden Fetten (wie sie in Süddeutschland häufig ist), da diese überaus leicht ausführbar ist.

Da der Inhalt der Butterschmalzgebinde, wie sie in Süddeutschland im Handel sind, stets das Butterfett einer grossen Anzahl von Kühen, in der Regel aufgekauft aus verschiedenen Stallungen und oft auch zu verschiedenen Zeiten repräsentiren, so erscheint es nicht thunlich, für die Beurtheilung der Reinheit Ausnahmefälle heranzuziehen, wie solche im Butterfett einzelner Versuchskühe oder bei Anwendung abnormen Futters beobachtet worden sind. Es liegt daher auch jetzt noch kein Grund vor, um die untere Grenze der Reichert-Meissl'schen Zahl 26 zu verlassen. Wenn somit dieser Grenzwerth aufrechterhalten wird, so ist damit keineswegs gesagt, dass derselbe nicht unter Umständen auch Ausnahmen verträgt. Diese Umstände genau zu erfahren, die Wirkung natürlicher, aber abnormer Verhältnisse zu prüfen, ist eben die Aufgabe des Sachverständigen. Nichts soll uns mit Aufstellung obigen Grenzwerthes ferner liegen, als ein für allemal eine strikte Norm aufzustellen, von der es kein Abweichen giebt.

Namentlich bei Streichbutter in Bezirken mit kleinbäuerlichen Verhältnissen, wo eine fragliche Butter oft von einer oder zwei Kühen stammt, oder auch in grösseren Stallungen, wo ein abnormes, einseitiges Futter (Treber, Palmkernmehl, Maisschlempe) verabreicht wird, kann die Reichert-Meissl'sche Zahl bedeutend unter 24 ccm sinken. Um hier sicher zu gehen, wird der Sachverständige in ähnlicher Weise vorgehen, wie bei der Beurtheilung der Milch, wo schliesslich einzig die Vornahme der Stallprobe entscheidend sein kann[19]).

Auch bei überhitztem, verbranntem Rindsschmalz (sogen. Brandschmalz), das sich schon durch Farbe und Geschmack als solches genügend kennzeichnet, ist Vorsicht anzurathen.

Dass auch die Ranzigkeit, ferner die Zunahme eines Butterfettes an freien Fettsäuren eine Veränderung der Reichert-Meissl'schen Zahl bewirken kann, lehren die Beobachtungen von C. Virchow[20]), O. Schweissinger[21]), E. v. Raumer[22]), P. Corbetta[23]) u. A., wenn auch dieser Ein-

---

[19]) Forschungsberichte über Lebensmittel etc. 1895, II, S. 339.
[20]) Repert. analyt. Chemie *6*, S. 489.
[21]) Pharm. Centrh. N. F. 1887, S. 244.
[22]) Forschungsberichte über Lebensmittel etc. 1894, I, S. 23.
[23]) Chem. Ztg. 1890, S. 406.

fluss im Grossen keineswegs so bedeutend ist, dass, wie der erstere meint, hierdurch auch echte Butter den Charakter von Mischbutter annehmen könne.

c) Zusätze von chemischen Konservirungsmitteln ausser Kochsalz sind unstatthaft.

d) Die künstliche Färbung der Butter ist, auch wenn sie mit unschädlichen Farbstoffen geschieht, wohl als Unsitte zu rügen, indessen wird man, da sie einmal gebräuchlich ist, kaum dagegen einschreiten können. Gleichwohl kann es Fälle geben, wo auch die künstliche Färbung mit unschädlichen Farbstoffen als Fälschung aufzufassen sein wird, nämlich da, wo beispielsweise garantirt frische Grasbutter durch alte, künstlich gefärbte Winterbutter ersetzt wurde; freilich wird hier die Feststellung der künstlichen Färbung allein für den Sachverständigen nicht maassgebend sein, vielmehr werden auch noch andere Prüfungsmethoden (Säuregrad) herangezogen werden müssen.

Färbung mit schädlichen Farbstoffen ist selbstverständlich unzulässig.

e) Der Säuregrad feiner Tafelbutter hält sich unter 5°. Damit soll jedoch nicht gesagt sein, dass Butter mit höherem Gehalt an freien Fettsäuren verdorben ist, denn solche lässt sich sehr wohl zum Kochen verwenden. Auf Grund des Säuregrades allein kann eine Butter, bezw. ein Butterschmalz nicht als verdorben erklärt werden, solange nicht eine schädliche physiologische Wirkung der freien Fettsäuren in nicht ranzigem Butterfett nachgewiesen ist[24]).

Als verdorben zu beanstanden ist talgige Butter, ranzige, grabelnde, verschimmelte, ölige, bittere, wie überhaupt Butter, welche ekelerregendes Aussehen, ekelerregenden Geschmack oder Geruch besitzt.

II. Margarine.

Margarine sind (nach dem Gesetz) diejenigen der Milchbutter oder dem Butterschmalz ähnlichen Zubereitungen, deren Fettgehalt nicht ausschliesslich der Milch entstammt.

a) Zusammensetzung.

Als Fettmasse finden vorwiegend folgende Fette Verwendung:

1. Oleomargarin, das ist der vom grössten Theile des Stearins befreite Rindstalg;
2. Neutral-lard, das ist Neutralschmalz, gereinigtes Schweineschmalz, gewonnen aus dem Netz- und Gekrösefett des Schweines;
3. Baumwollsamenöl (Cottonöl) oder der feste Antheil desselben, das Baumwollsamenstearin (Cottonstearin);
4. Sesamöl;
5. Erdnussöl (Arachisöl).

---

[24]) Bericht über die XIV. Jahresversamml. bayer. Vertreter d. angew. Chemie in Bayreuth. Forschungsberichte über Lebensmittel etc. 1895, II, S. 249.

Seltener finden auch andere Fette: Palmkernöl, Palmöl, Kokosöl u. dergl. Verwendung.

Vielfach umgeht man die Herstellung des Oleomargarins aus Talg vollständig und verwendet diesen mit entsprechenden Zusätzen von flüssigen Oelen direkt zur Herstellung der Margarine.

Die Zusammensetzung der Margarine (Gehalt an Wasser, Fett, Salzen etc.) ist im Allgemeinen dieselbe, wie die der Kuhbutter. Dagegen unterscheidet sich das Fett der Margarine von dem Butterfett unter anderem wesentlich dadurch, dass demselben der hohe Gehalt des Butterfettes an löslichen flüchtigen Fettsäuren fehlt.

Die Veränderungen, welche die Margarine und Schmelzmargarine durch mangelhafte Zubereitung, Aufbewahrung u. dergl. erleiden kann, sind denen der Butter und des Butterschmalzes ähnlich.

b) Verfälschungen der Margarine und Gesichtspunkte für die chemische Untersuchung.

Die Verfälschungen der Margarine und die Gesichtspunkte für die chemische Untersuchung sind wesentlich dadurch von denen der Butter verschieden, dass bei der Margarine der Hauptpunkt der Butterfälschung, nämlich der Zusatz fremder minderwerthiger Fette, kaum in Betracht kommen kann, dagegen muss aber die Margarine den Bestimmungen des § 2 des Reichsgesetzes vom 12. Juli 1887 genügen, wonach ein Vermischen von Butter mit Margarine verboten ist und in der Margarine nur soviel Butterfett enthalten sein darf, als durch die Verwendung von 100 Gewichtstheilen Milch oder 10 Gewichtstheilen Rahm auf 100 Theile Fettmasse bei der Herstellung herrührt.

Ferner kann eine Verfälschung der Margarine darin bestehen, dass zur Herstellung derselben verdorbenes Fett oder Fett, welches von mit Infektions- oder toxischen Krankheiten behafteten Thieren stammt, verwendet wird. Diese Art von Verfälschungen können nur durch eine strenge Kontrole der Margarinefabriken selbst verhütet werden.

c) Die chemischen Untersuchungsmethoden für Margarine sind die gleichen wie für Butter (vergl. S. 93 bezw. 85, 84 u. 83); doch ist bei Margarine vielfach eine Bestimmung der Jodzahl und der Verseifungszahl unbedingt erforderlich (vergl. S. 87).

d) Anhaltspunkte für die Beurtheilung der Margarine.

1. Die Anhaltspunkte für die Beurtheilung der Butter gelten mit Ausnahme derer für den Nachweis fremder Fette in der Butter sinngemäss auch für die Margarine.

2. Um zu erkennen, ob eine Margarine den Bestimmungen des § 2 des Reichsgesetzes vom 12. Juli 1887 entspricht, muss man Folgendes berücksichtigen[25]).

---

[25]) Forschungsberichte über Lebensmittel etc. 1895, 2, S. 116.

Mit der Bestimmung, dass ein Zusatz von so viel Butterfett gestattet ist, als bei der Herstellung der Margarine von der Verwendung von 100 Gewichstheilen Milch oder 10 Gewichtstheilen Rahm auf 100 Gewichtstheile der nicht der Milch entstammenden Fette in die Margarine gelangen, kann keine scharfe Grenze für den Butterfettgehalt gezogen sein, solange nicht der Begriff „Rahm" gesetzlich definirt ist.

Einem Gehalte von 4—6 % Butterfett, welch letztere Menge durch Verwendung von 10 Gewichtstheilen eines sehr fettreichen Centrifugenrahmes sehr wohl in die Margarine gelangen kann und die daher als gesetzlich zulässig angesehen werden muss, würden Reichert-Meissl'sche Zahlen von 1,8 bis 2,5 entsprechen, während das Margarinefett meistens Reichert-Meissl'sche Zahlen von 0,7—1,0 hat.

Es können jedoch bei Margarine noch höhere Reichert-Meissl'sche Zahlen vorkommen, ohne dass der Butterfettgehalt die erlaubte Grenze überschreitet, ja sogar ohne dass überhaupt Butterfett im Margarinefett vorhanden ist, da namentlich zwei pflanzliche Fette, Palmkernöl und Kokosnussöl, verhältnissmässig hohe Reichert-Meissl'sche Zahlen haben, nämlich 4—5 bezw. 7—8.

Zur Erkennung eines Gehaltes an diesen Fetten dienen die sehr niedrigen Jodzahlen und die hohen Verseifungszahlen derselben.

III. Schweinefett (Schweineschmalz, Schmalz, Schmeer).

a) Vorbemerkungen.

Das Schweinefett, auch Schweineschmalz, Schmalz, Schmeer etc. genannt, ist nächst der Butter das am meisten geschätzte Speisefett. Es besteht vorzugsweise, wie alle thierischen Fette, aus Palmitin, Stearin und Oleïn.

Das Schweinefett wird gewöhnlich aus dem Eingeweidefett gewonnen; bei unserem einheimischen sog. Metzgerfett, welches in den Schlächtereien meist über freiem Feuer ausgeschmolzen wird, findet vorwiegend das Nierenfett (Blumen, Flohmen, Flaumen, Schmeer, Liesen) sowie das Darmfett (Gekröse) Verwendung, seltener das Rückenfett (Speck) oder gar das Fett von anderen Körpertheilen des Schweines.

Der grösste Theil des aus dem Auslande importirten Schweinefettes kommt aus den Vereinigten Staaten von Amerika, woselbst, nicht wie bei uns von den einzelnen Metzgern, sondern in grossen Schlächtereien und „Packhäusern" vielfach das ganze Schwein auf Schmalz verarbeitet wird.

Von Amerika importirt wird namentlich das Dampfschmalz oder Rohschmalz (steam lard), welches in eisernen Kesseln unter Druck durch unmittelbare Einwirkung von Dampf auf das Fett gewonnen wird.

Die Raffination des Schmalzes besteht in einem theilweisen Auspressen des „Schmalzöls" bei niedriger Temperatur aus dem für Speisezwecke zu flüssigem Rohschmalz.

b) Verfälschungen des Schweinefettes.

Die hauptsächlich in Betracht kommenden Verfälschungen des Schweinefettes sind:

1. Zusatz von Pflanzenfetten, vornehmlich Baumwollsamenöl und -Stearin (Cotton-Stearin), ferner Erdnuss-, Sesam-, Palmkern-, Kokosöl etc.

2. Zusatz von „Presstalg“, Rindstalg oder Hammeltag zur Erhöhung der Konsistenz.

3. Gleichzeitiger Zusatz von Talg und Pflanzenfetten.

4. Der Zusatz von gewichtsvermehrenden fremden Stoffen ausser Fetten, sowie das vereinzelt beobachtete theilweise Verseifen zur Bindung grösserer Wassermengen. Derartige Verfälschungen dürften wohl kaum in grossem Maassstabe vorkommen.

c) Gesichtspunkte für die chemische Untersuchung.

1. Für den Nachweis von Verfälschungen des Schweinefettes ist die Jodzahl von Wichtigkeit, welche durch die flüssigen Pflanzenöle erhöht, durch Talgzusatz erniedrigt wird.

2. Die Verseifungszahl nach Köttstorfer lässt Palmkernöl und Kokosöl erkennen.

3. Für den Nachweis der Art der Pflanzenfette dienen die für die einzelnen derselben charakteristischen (meist Farben-) Reaktionen.

4. Der Nachweis von Talg mit Hülfe der Krystallisation ist bis jetzt nicht mit Sicherheit zu erbringen.

5. Die Erkennung und Bestimmung eines zu hohen Wassergehaltes, sowie von fremden gewichtsvermehrenden Bestandtheilen ausser Fett bietet keine Schwierigkeiten.

Anmerkung: Ueber die Verwendung des Refraktometers für die Untersuchung des Schweinefettes gilt im Allgemeinen das bei „Butter“ Gesagte. Die Probe kann nur zur Orientirung dienen; sie hat aber für sich allein keinen ausschlaggebenden Werth. Auch ist zu beachten, dass das Alter (der Säuregrad) des Schweineschmalzes von wesentlichem Einfluss auf die Ablenkung ist[26]).

d) Untersuchungsmethoden.

Soweit die Untersuchungsmethoden noch nicht im allgemeinen Theil der Fettuntersuchung besprochen sind, kommen für die Analyse des Schweinefettes noch folgende in Betracht:

1. Nachweis von Baumwollsamenöl nach Bechi.

Zum Nachweis von Baumwollsamenöl ist die Bechi'sche Probe[27]) mit Silbernitrat zu empfehlen. Diese Methode wurde vom Autor für die

---

[26]) E. Spaeth, Zeitschr. f. anal. Chem. 1896, Bd. 35, S. 471.

[27]) Chem. Ztg. 1887, S. 1328; siehe auch de Negri und Fabris in Ztschr. f. anal. Chem. *33*, S. 561.

Prüfung des Olivenöls auf Zusatz von Baumwollsamenöl ausgearbeitet. Sie lässt sich aber auch bei anderen Oelen und bei festen Fetten mit Erfolg anwenden, nur hat man stets dafür Sorge zu tragen, dass die Fette in klar filtrirtem Zustand zur Prüfung gelangen.

Die Bechi'sche Probe wird am besten in folgender Weise ausgeführt: Man bereitet sich

I. eine Lösung von 1 g Silbernitrat in 200 g reinem Alkohol von 98% und 0,1 g Salpetersäure[28]). Die Lösung, welche schwach sauer reagiren muss, wird filtrirt;

II. eine Mischung von 100 g reinem Amylalkohol (Siedep. 130—132°) und 15 g Kolza- oder Rapsöl.

Zunächst hat man sich zu überzeugen, ob beim Erhitzen einer Mischung dieser beiden Reagentien keine Reduktion des Silbernitrates eintritt, indem man 1 ccm I und 10 ccm II mischt, gut durchschüttelt und an einem gegen Einwirkung des Tageslichtes geschützten Ort $\frac{1}{4}$ Stunde im kochenden Wasserbad erhitzt. Hierbei darf nicht die leiseste Bräunung oder gar Schwärzung eintreten, wenn die Reagentien brauchbar sein sollen. Da namentlich in neuerer Zeit eine Verfälschung das Kolzaöls mit Baumwollsamenöl beobachtet worden ist, sehe man auf absolut reines Kolzaöl.

Die zu prüfenden Fette werden, wenn sie nicht ohnedies flüssig sind, geschmolzen und müssen stets filtrirt werden; vom klaren Filtrat bringt man 10 ccm in ein dünnwandiges Kölbchen, giebt 10 ccm Reagens II und 1 ccm I zu und schüttelt gut durch, worauf man das Kölbchen an einem vor der Einwirkung des Tageslichtes möglichst geschützten Ort in's kochende Wasserbad einhängt und genau $\frac{1}{4}$ Stunde darin belässt. Bei Gegenwart von Cottonöl tritt eine intensive Reduktion der Silberlösung ein, indem sich metallisches Silber ausscheidet und die Mischung eine tiefbraune bis schwarze Färbung annimmt. Nach Bechi wird aber die Reaktion schon bei weniger als 10% Cottonöl unsicher.

Bei festen Fetten empfiehlt es sich, nur 5 ccm zur Prüfung zu verwenden und diese zunächst im doppelten Volum absolutem Alkohol im Wasserbade zu lösen, ehe man die Mischung der Reagentien I und II zusetzt.

2. Nachweis des Sesamöls nach Baudonin[29]).

Zum Nachweis von Sesamöl in Speisefetten dient die Baudonin'sche Reaktion in der veränderten Form von V. Villavechia und G. Fabris[30]), welche den Zucker durch Furfurol (2 g auf 100 ccm Alkohol) ersetzen.

Zu 0,1 ccm Furfurollösung giebt man 5 ccm geschmolzenes Fett (oder 10 ccm Oel) und dann 10 ccm Salzsäure (vom spec. Gew. 1,19),

---

[28]) Der Zusatz von 40 g Aether, wie ihn Bechi vorgeschlagen, ist zweckmässig, aber nicht nothwendig und kann gemacht werden, damit sich das Reagens leichter mit dem zu prüfenden Fett mischt.

[29]) Zeitschr. f. das chem. Grossgewerbe 1878, 771.

[30]) Zeitschr. f. angew. Chemie 1893, S. 505.

schüttelt eine halbe Minute lang und lässt dann stehen. Bei Gegenwart von Sesamöl ist die am Boden sich abscheidende Salzsäure deutlich karmoisinroth; im anderen Falle bleibt sie farblos oder nimmt höchstens eine schmutziggelbe Farbe an. Diese Reaktion ist für Sesamöl charakteristisch.

3. Nachweis von Erdnussöl[31]) nach A. Rénard mit Modifikationen von de Negri und Fabris.

Der Nachweis des Erdnussöles in anderen Fetten beruht auf der Isolirung der in dem Erdnussöl in verhältnissmässig grosser Menge vorhandenen Arachinsäure[31]), die durch ihren hohen Schmelzpunkt (75^0 C.) charakterisirt ist. Das fragliche Fett wird verseift, aus der Seife werden die Fettsäuren abgeschieden und durch fraktionirte Krystallisation aus heissem Alkohol wird die Arachinsäure, welche sich zuerst abscheidet, isolirt und auf ihren Schmelzpunkt geprüft.

4. Nachweis fetter Oele in festen Fetten nach P. Welmanns[32]).

Zur Erkennung fetter Pflanzen-Oele überhaupt in festen Fetten, wie Schweineschmalz, kann die von P. Welmanns beschriebene Reaktion mit Phosphormolybdänsäure gute Dienste leisten.

1 g des geschmolzenen und klar filtrirten Fettes (Schweinefett, Rindsfett, Butterfett u. s. w.) löst man in einem dickwandigen, mit Stöpsel verschliessbaren Reagensglase in 5 ccm Chloroform, setzt 2 ccm frisch bereitete Phosphormolybdänsäure oder phosphormolybdänsaures Natron und einige Tropfen Salpetersäure zu und schüttelt so kräftig wie möglich. Bei Abwesenheit von fetten Oelen bleibt das Gemisch gelb, bei deren Anwesenheit jedoch tritt eine Reduktion ein; die Mischung nimmt eine grünliche, ja bei bedeutenden Zusätzen eine smaragdgrüne Färbung an. Durch Vergleich mit absolut reinem Fett lässt sich der Unterschied zwischen gelb und grün leichter beobachten. Lässt man einige Minuten stehen, so scheidet sich die Flüssigkeit in 2 Schichten; die untere (Chloroform-) Schicht erscheint wasserhell, während die obere, falls fette Pflanzenöle vorhanden sind, schön grün gefärbt ist. Man vermeide niedere Temperaturen, damit sich das Fett nicht in festem Zustand wieder abscheidet. — Man kann dann weiter die saure Mischung mit Ammoniak alkalisch machen, wobei die grüne Farbe in blau übergeht, dessen Intensität der vorherigen Grünfärbung entspricht. Ein nur schwach blauer Schimmer muss aber unberücksichtigt bleiben.

5. Ferner kann zum Nachweis von vegetabilischen Oelen in thierischen Fetten dienen die Bestimmung der Jodzahl der flüssigen Fettsäuren nach dem Verfahren von Muter und de Koningh[33]) unter Berücksichtigung

---

[31]) A. Rénard, Zeitschr. f. analyt. Chemie 1873, *12*, 231; ferner

  J. Herz, Repertor. f. analyt. Chemie 1886, *6*, 604.

  H. Kreis, Chem. Ztg. 1895, *19*, S. 451.

  De Negri und Fabris, Zeitschr. f. anal. Chem. 1894, *33*, 553.

[32]) Pharm. Ztg. 1891, Bd. *36*, S. 798; 1892, *37*, S. 7.

[33]) Analyst, 1889, *14*, S. 61.

der Arbeit von Wallenstein und Fink[34]) und die Phytosterinprobe nach
E. Salkowski (S. 90). Bezüglich der Ausführung dieser Methoden muss
auf die Originalabhandlungen verwiesen werden.

6. Auf die Methoden zur Erkennung von Talg mittelst der Krystallisation aus Aether kann gleichfalls hier nur verwiesen werden[35]), da diese
bis jetzt keine unbedingt brauchbaren Resultate liefern.

e) Anhaltspunkte für die Beurtheilung von Schweinefett.

Speisefette, welche als „Schweinefett" oder „Schmalz" feilgehalten
und verkauft werden, müssen frei von jedem fremden Zusatz sein.

Für Gemische von Schweinefett mit anderen Fetten thierischen und pflanzlichen Ursprungs ist allein die Bezeichnung
„Speisefett" oder eine andere, welche die Zusammensetzung
erkennen lässt, zulässig.

Für die Beurtheilung der Reinheit eines Schweinefettes dienen folgende Anhaltspunkte:

1. Für den Nachweis der Verfälschungen giebt meist die Hübl'sche
Jodzahl im Verein mit den qualitativen Vorproben die werthvollsten Anhaltspunkte.

Hierbei ist Folgendes zu beachten:

Die Jodzahlen für Schweinefett, soweit es überhaupt als Speisefett
in Betracht kommt, können zwischen 46 und 64 schwanken. Wenn auch
der eine oder andere Forscher, wie H. W. Wiley[36]), für das Fett der Füsse
und des Kopfes erheblich höhere Jodzahlen gefunden haben, so sind diese
vom Nahrungsmittelchemiker deshalb ausser Acht zu lassen, weil diese
Fette wegen ihrer geringen Menge in Wirklichkeit zur Herstellung des
Schweinefettes als Speisefett keine Verwendung finden.

Die Jodzahlen des Fettes vom Bauch (Wamme, Schmeer) und vom
Darm (Gekröse) des Schweines, welche vorzugsweise hierfür Verwendung
finden, schwanken von 46,6—62,9 [37]). Jene vom Rückenspeck erheben
sich nach Spaeth bis 63,6 und nach Dieterich bis 66,0.

Bezüglich der letzteren darf man nicht unberücksichtigt lassen, dass
der Rückenspeck nur in seltenen Fällen mit zur Herstellung des als
Speisefett im Handel vorkommenden Schweinefettes Verwendung findet.

---

[34]) Chem. Ztg. 1894, *18*, S. 1189.

[35]) Belfield, Rep. analyt. Chem. 1883, S. 383 und
  Goske, Chem. Ztg. 1892, Bd. 16, S. 1597 und 1895, S. 1043.
  C. A. Neufeld, Arch. f. Hygiene 1893, 17, S. 542.

[36]) Zeitschr. f. analyt. Chemie 1891, 30, S. 510.

[37]) E. Dieterich, Helfenb. Annal. 1887, S. 8; 1888, S. 40.
  Amthor u. Zink, Ztschr. f. analyt. Chemie, 1892, S. 534.
  E. Spaeth, Ztschr. f. angew. Chemie, 1893, S. 133.
  C. A. Neufeld, Arch. f. Hygiene 1893, S. 452.

Wenn man also in Betracht zieht, dass hierfür nur Mischungen des Fettes der zuletzt besprochenen drei Fettpartien in Frage kommen, dann ist die Jodzahl 64 als oberste Grenze gerechtfertigt.

Da die Jodzahlen des Baumwollsamenöls, das erfahrungsgemäss namentlich in Amerika zumeist als Fälschungsmittel benutzt wird, weit höher liegen (102—108,5), so lässt sich, wofern nur dieses oder ein anderes Oel (Sesam-, Arachisöl) mit ähnlich hoher Jodzahl Verwendung fand, der Nachweis mittelst der v. Hübl'schen Methode leicht erbringen, um so leichter, als dann in der Regel die geschilderten, qualitativen Reaktionen die fremden Zusätze stark markiren.

Doch begegnet man einer derartigen, verhältnissmässig rohen Fälschung allmählich seltener; viel häufiger sind kombinirte Fälschungen, indem die hohe Jodzahl der Oele durch den Zusatz solcher Fettbestandtheile, deren Jodzahlen noch unter denen des reinen Schweinefettes bleiben, geschickt verdeckt wird. Derlei Mittel sind, wie erwähnt, im Stearin des Rinds-, auch des Hammeltalges gegeben.

In solchen Fällen ist oft der Nachweis einer Fälschung sehr erschwert, namentlich dann, wenn das fette Oel (Baumwollsamenöl, Sesam-, Arachisöl) behufs Entsäuerung oder Entfärbung chemischen Reagentien oder höheren Temperaturen unterworfen wurde. In solchen Fällen versagen nämlich sowohl die Bechi'sche wie die Welmanns'sche Reaktion.

Es ist somit unter Umständen eine normale Jodzahl und das Ausbleiben einer Reduktion von Silberlösung oder Phosphormolybdänsäure noch kein Beweis für die absolute Aechtheit eines Schweinefettes.

In derartigen Fällen können die Prüfung auf Phytosterin nach E. Salkowski und die Bestimmung der Jodzahl der flüssigen Fettsäuren unter Umständen Aufschluss über eine vorliegende Fälschung geben.

2. Bezüglich des Nachweises von Talg im Schweinefett ist Folgendes zu bemerken:

Als unterste Grenze ist für Schweinefett nach C. A. Neufeld die Jodzahl 46 anzunehmen. Schweinefette, welche eine unter diesen Werth fallende Jodzahl besitzen, sind als mit Talg verfälscht zu erklären. Rindstalg hat nämlich die Jodzahlen 35,6—40,0 und Rindspresstalg geht bis zu 17—20 herab; doch ist hierbei zu beachten, dass

a) von Einfluss auf die Jodzahl nach Amthor und Zink[38], E. Spaeth[39] das Alter des Schweinefettes ist, insofern als mit einer Zunahme von freien Fettsäuren eine Abnahme der Jodzahl Hand in Hand geht;

b) eine unter 46 sinkende Jodzahl des Schweinefettes auch von einem Gehalt desselben an Kokosöl oder Palmkernöl herrühren kann.

---

[38]) Ztschr. f. analyt. Chem. *31*, S. 534.

[39]) Forschungsberichte über Lebensmittel etc. 1894, *1*, S. 344 und Ztschr. f. analyt. Chem. 1896 Bd. 35, S. 471.

Doch sind diese beiden Fette leicht an der hohen Verseifungszahl und der relativ hohen Reichert-Meissl'schen Zahl zu erkennen.

Ueber den Nachweis des Talges mittelst der Krystallform des Talgstearins besteht zur Zeit noch eine grosse Unsicherheit in der Beurtheilung der Methoden, weshalb hier auf die betreffende Litteratur [40—44] hingewiesen wird.

3. Bei der Ausführung und Beurtheilung der Farben-Reaktionen ist darauf zu achten, dass die Ausführungsvorschriften peinlich genau innegehalten werden, und dass die Fette nur in vollständig klar geschmolzenem Zustande verwendet werden. Dabei sind sehr geringe Verfärbungen nicht als positive Reaktionen anzusehen, sondern nur das deutliche Auftreten der charakteristischen Färbungen. Ferner können die Bechi'sche und Welmanns'sche Reaktion eintreten, ohne dass Baumwollsaatöl vorhanden ist, wenn das betreffende Fett beim Ausschmelzen einen Zusatz von Zwiebeln und dergl. erhalten hat (Bratenschmalz).

Namentlich bei der Welmanns'schen Reaktion sind nur deutliche Grünfärbungen, nicht schwache Grüngelbfärbungen als für die Anwesenheit fetter Oele sprechend anzusehen.

Dass die Bechi'sche Reaktion unter Umständen bei überhitztem Baumwollsaatöl ausbleiben kann, wurde schon oben gesagt.

4. Besondere Beachtung ist auch bei Schweinefett der Verwendung von schlechten verdorbenen Fetten zu widmen.

5. Reines Schweinefett enthält nur Spuren von Wasser, Asche etc. Grössere Mengen von Wasser, ferner Zusätze mineralischer Natur und organische Füllmittel ausser Fett sind gleichfalls als Verfälschungen zu beanstanden.

IV. Sonstige thierische Fette.

Ausser den bereits in den vorstehenden Kapiteln abgehandelten Fetten kommen für die menschliche Ernährung noch folgende thierische Fette häufiger in Betracht:

1. Das Rindsfett (Rinderfett, Rindstalg, Rindertalg). Dasselbe findet theils als solches im Haushalte für Kochzwecke Verwendung (Nierenfett), der grösste Theil des Rindstalgs aber wird noch besonders raffinirt; hierfür wird das Eingeweidefett (Bandelfett), Herzfett, Lungenfett, Stichfett (d. i. Fett der Halstheile), Taschenfett (Fett der Genitalgegend) und Netzfett verarbeitet. Durch Ausschmelzen bei 60—65° C. und Abgiessen

[40]) H. W. Wiley: Ztschr. f. analyt. Chem. 1891, *30*, S. 510.

[41]) A. Goske: Chem. Ztg. 1892, *16*, S. 1560 und 1597 und 1895, *19*, S. 1043.

[42]) P. Soltsien: Pharm. Ztg. 1893, *38*, S. 634.

[43]) C. A. Neufeld: Arch. f. Hygiene 1893, *17*, S. 452.

[44]) O. Hehner: Chem. Ztg. 1894, *18*, S. 367.

von den Verunreinigungen wird der Talg raffinirt (premier jus). Sodann lässt man das Fett bei ca. 30⁰ C. krystallisiren und presst bei dieser Temperatur aus. Der Rückstand (Presstalg) dient zur Kerzenfabrikation und zur Herstellung künstlicher Speisefette, während das abgepresste Fett (Oleomargarin) vorzugsweise zur Herstellung von Margarine verwendet wird.

2. Das Hammelfett (Hammeltalg). Das Fett von Hammeln, Schafen und Ziegen findet als Speisefett weniger Verwendung als das Rindsfett; es dient hauptsächlich zu technischen Zwecken.

3. Das Gänsefett. Das Eingeweide- und Brustfett der Gänse wird in vielen, namentlich jüdischen Haushaltungen wegen seines angenehmen Geschmackes als Speisefett verwendet und ist auch vielfach im Handel verbreitet

Das Gänsefett ist durchscheinend, weiss bis blass gelb und von körniger Konsistenz. Wegen seines niedrigen Schmelzpunktes erhält es für seine Verwendung als Streichfett im Haushalte vielfach einen Zusatz von Schweinefett.

Ein Zusatz von Hammeltalg zum Rindstalg, wie er zuweilen vorkommen soll, kann nicht mit Bestimmtheit nachgewiesen werden; desgleichen dürften geringe Zusätze von Schweinefett zum Gänsefett durch die chemische Analyse nicht immer nachzuweisen sein.

V. Pflanzliche Speisefette und Oele.

Unter den pflanzlichen Oelen kommt vorwiegend Olivenöl als das am meisten geschätzte Speiseöl hier in Betracht; ferner aber finden als Speiseöle auch Sesamöl, Erdnussöl, Baumwollsamenöl, Mohnöl, Rüb- (Raps-) Oel, Buchenkernöl und andere vielfache Verwendung. Von festen pflanzlichen Fetten dient abgesehen von der Kakaobutter (die in dem Kapitel Kakao und Chokolade besprochen werden wird) vorwiegend nur die Kokosnussbutter zur menschlichen Ernährung.

A. Olivenöl.

Das Olivenöl (Baumöl) wird aus dem Fruchtfleische des Oelbaumes (Olea europaea) gewonnen.

a) Verfälschungen des Olivenöles.

1. Das Olivenöl ist vielfachen Verfälschungen mit anderen flüssigen Pflanzenölen ausgesetzt; so dienen namentlich Sesamöl, Erdnussöl, Baumwollsamenöl, Rüböl, und seltener auch trocknende Oele wie Mohnöl, Leinöl zur Verfälschung des Olivenöles und namentlich des sog. „Baumöles" des Handels; vereinzelt ist Zusatz von Mineralöl beobachtet worden.

2. Ebenfalls vereinzelt ist im Handel als „Malagaöl" ein mit Grünspan gefärbtes Olivenöl beobachtet worden.

b) Gesichtspunkte für die chemische Untersuchung des Olivenöles.

1. Von allen Untersuchungsmethoden ist die Bestimmung der Jodzahl bis jetzt die genaueste und zuverlässigste zur Erkennung der hier in Betracht kommenden Verfälschungsmittel.

2. Die Art des zur Verfälschung eines fraglichen Olivenöles verwandten Oeles wird aus den für die einzelnen in Frage kommenden Oele charakteristischen (meist Farben-) Reaktionen erkannt. Für den Nachweis von Rüböl kann auch die Verseifungszahl herangezogen werden.

3. Ausserdem kann unter Umständen auch die Bestimmung des spec. Gewichtes, des Schmelz- und Erstarrungspunktes der Fettsäuren, sowie des Brechungsexponenten durch das Refraktometer zur Erkennung von gröberen Verfälschungen dienen. Letztere Probe ist namentlich als Vorprobe bei Massenuntersuchungen mit Vortheil verwendbar. Auch die Elaïdinprobe[45]), sowie die Salpetersäureprobe[46]) können bei gröberen Verfälschungen als Vorproben gute Dienste leisten.

Bei ersterer empfiehlt es sich, ca. 2 g Oel und an Stelle von Kupfer und Salpetersäure eine konc. Auflösung von Kaliumnitrit und verdünnter Schwefelsäure, bei letzterer eine Salpetersäure vom spec. Gewichte 1,4 zu verwenden.

4. Kupfer wird in grüngefärbten Oelen durch Verbrennen einer grösseren Menge derselben in einem Porzellantiegel und Untersuchung des Rückstandes in bekannter Weise nachgewiesen[47]).

c) Anhaltspunkte für die Beurtheilung von Olivenöl.

1. Die Jodzahl reinen Olivenöls schwankt im Allgemeinen zwischen 79,5 und 88,0. Da die zur Verfälschung dienenden Oele eine mehr oder minder erheblich höhere Jodzahl haben, so werden Verfälschungen durch eine erhöhte Jodzahl (über 88) erkannt.

2. Für die Erkennung der Art des Fälschungsmittels ist Folgendes maassgebend.

Es werden erkannt:

a) Sesamöl durch die Baudonin'sche Reaktion (S. 102);

b) Erdnussöl durch den Nachweis grösserer Mengen von Arachinsäure (S. 103) (Spuren oder geringe Mengen Arachinsäure kommen auch im Olivenöl vor);

c) Baumwollsamenöl durch die Bechi'sche Reaktion (S. 101). Hierbei empfiehlt sich, die Oele vorher heiss zu filtriren und einige Stunden auf 100° C. zu halten, ehe die Bechi'sche Reaktion vorgenommen wird;

---

[45]) Benedikt, Analyse d. Fette 1892, S. 286.

[46]) Ebenda S. 352.

[47]) H. Fresenius und A. Schattenfroh, Nachweis u. Best. v. Metallen in fetten Oelen. Zeitschr. f. analyt. Chem. *34*, S. 381.

d) Rüböl durch die Erniedrigung der Verseifungszahl, wenn grössere Mengen Rüböl zugesetzt sind;

e) Trocknende Oele durch die bedeutende Erhöhung der Jodzahl bei Abwesenheit der unter a bis d genannten Oele.

3. Kupferhaltige Oele sind als verfälscht zu beanstanden.

B. Sonstige pflanzliche Speisefette.

Bezüglich der anderen Pflanzenfette ist es zur Zeit nicht möglich, absolut sichere Methoden für den Nachweis der Reinheit derselben anzugeben.

Litteratur.

Carl Schädler, Die Technologie der Fette und Oele des Pflanzen- und Thierreichs. 2. Auflage. Leipzig 1892.

Rudolf Benedikt, Analyse der Fette und Wachsarten. 2. Aufl. Berlin 1892.

G. de Negri und G. Fabris, Die Oele, Rom 1891 und 1893. Nach dem italienischen Original bearbeitet von D. Holde. Zeitschr. für analyt. Chem. 1894. *33.* 547—572.